1分鐘驚豔ChatGPT
爆款文案寫作聖經

寫作教練Vista教你用ChatGPT寫出引人入勝的銷售文案

U0030621

鄭緯筌Vista —— 著

第一章
當 AI 與我們相遇

第一節
AI 的過去、現在與未來

　　首先，感謝你願意花時間來看我的這本書。寫這本書的起心動念很簡單，其實就是想要跟你談談：置身於資訊科技發展一日千里的年代，當人工智慧不再只是實驗室裡的酷炫黑科技時，我們該如何運用諸如 ChatGPT 等 AI 工具，來輔助寫作與行銷？

　　在正式開始跟你介紹有關 AI 寫作的各種方法之前，我們當然得先知道：到底人工智慧是什麼？它有什麼神奇的地方？

　　人工智慧（AI，Artificial Intelligence），係指由人類製造出來的機器所表現出來的智慧。AI，可以說是近來當紅的熱門關鍵字，我想，最近大家在收看電視、瀏覽報章雜誌的過程中，應該到處都看得到 AI 的資訊吧？

　　我曾經問過很多朋友，大家知道 AI 發展至今有多久的歷史嗎？很多人以為 AI 是最近十年或二十年才問世，其實不然。老實說，AI 並不是什麼新文明！早在 1956 年，美國有一位名為約翰・麥卡錫（John McCarthy）的電腦科學家，

就在達特矛斯會議（Dartmouth Summer Research Project on Artificial Intelligence）上提出了人工智慧的想法。

後來，基於約翰・麥卡錫長期在人工智慧領域的卓越貢獻，在 1971 年獲頒電腦界的最高殊榮「圖靈獎」（ACM A.M. Turing Award）。

所以現在你知道了，人工智慧並不是什麼新的東西，它已經存在這個世界快要七十個年頭了。可是，我猜想你可能會感到好奇，為什麼這兩年我們才開始感受到 AI 的魅力，或是真實地意識到它的巨大威力呢？

道理很簡單，因為 AI 的運作必須仰仗巨量的運算、技術以及資本，所以光懂得原理還不夠，更需要投入龐大的人力、物力。除了要有許多專家、學者與開發人員的投入外，更需要挹注大量的運算力與資金。

基本上，我們可以說 AI 具有資本密集、技術密集的特性，以往這是大公司才玩得起的遊戲。因此，對於以中小企業為主的臺灣來說，在過往並不容易一親 AI 的芳澤。

如今我們得以有這些便捷的科技可以運用，其實也要非常感謝過往這些科學家、學者，以及諸如微軟、Google 等大企業的積極投入。由於他們願意出錢、出力進行研究、開發，我們現在才能夠很方便地去享受這些科技所帶來的便利。

　　而我們除了感恩之外，自然也要知道人工智慧的崛起，必然會帶來翻天覆地的影響。我相信很多朋友最近看到媒體、報章雜誌的報導，一定有不少人會擔心 AI 崛起，是否意味我們的飯碗可能不保？身為一個專欄作家、職業講師和企業顧問，我從自己的角度來看，還是抱持比較審慎、樂觀的態度，但誠然我們的確是應該做好一些準備。

　　一方面，我們要想想怎麼去擁抱這波人工智慧的浪潮；另外一方面，我們也要去盤點一下自己的技能、資源是否足以在 AI 時代立足，以及未來該何去何從？

　　全球知名的研究機構 Gartner 公司，幾個月前發布了「2023 年戰略科技趨勢報告」（https://www.gartner.com/en/articles/gartner-top-10-strategic-technology-trends-for-2023），主要圍繞優化、擴展和開拓等三大主題。在影響全球的十大趨勢之中，裡面就有兩項跟 AI 有關，分別是第三名的「AI 信任、風險和安全管理」跟第八名的「自適應 AI」，顯見 AI 的關鍵程度。另外，像是第七名的「Superapps」，雖然不是和 AI 直接相關，但也很值得玩味與持續觀察。

　　從經濟發展的角度來看，AI 在 2022 年的全球產值是 3.9 兆美元，八年後（2030 年）將躍升為 13 兆美元，所以可想

而知，AI 當然對我們的生活及工作有很大的影響。

　　儘管我們現在感受到 AI 浪潮方興未艾，也經常可以從報章雜誌上面看到有關 AI 的新聞，像是可以透過它來畫圖、寫文案……等，也許你會覺得 AI 就像是一個酷炫的黑科技，甚至感到很新奇！但是，AI 對於我們的產業發展，其實帶來了佷大的衝擊與影響。

　　像是我前面提到，儘管 AI 這個概念早在 1960 年代就應運而生了，但它的發展其實不是那麼地順理成章與順遂。換句話說，它經歷過至少三波的發展，並非一帆風順。道理很簡單，因為 AI 的發展與技術是否成熟、資本是否到位，以及人們的心態是否成熟等等都息息相關。

　　話說回來，這些都是很大的考驗，經過三波浪潮的洗禮，我們不難理解，AI 的發展並不如預期地順利，它其實多次跌宕過。

　　舉例來說，前幾年大家可能都看過一則新聞——Google 旗下子公司 DeepMind 開發的 AI 電腦圍棋系統 AlphaGo，在 2016 年 3 月 8 日到 3 月 15 日於南韓首爾舉行的圍棋比賽中，以四勝一敗的比數擊敗南韓棋王李世乭。這場比賽，也被視為人類和人工智慧的終極對戰。

　　儘管 AI 戰勝圍棋冠軍的新聞曾經轟動一時，但是我相信

那個時候大家的感受還不是那麼深刻。嗯，這是為什麼呢？主要因為我們大多數人並不是職業棋手，也不是靠對弈營生，所以大家的感受沒有那麼強，就是把這則新聞當成茶餘飯後的話題或者花絮來看待，頂多只是覺得電腦很厲害會下棋而已。

畢竟，當時的 AI 跟我們一般人的生活還是有點距離的，所以大家可能只把它當成一則有趣的新聞，頂多聊個兩天，然後就慢慢忘記了。

可是，才過了五、六年的光景，這回大家反而會更關注 AI 的發展，這又是為什麼呢？道理很簡單，因為這回以 ChatGPT、Midjourney 為首的 AI 工具來勢洶洶，不但一出手便知有沒有，加上這兩、三年來新冠肺炎疫情推波助瀾，大家開始緊張自己會被 AI 取代，深怕一不小心自己的飯碗就會不保。

如今，我們都已經知道 AI 的應運而生，會對全球產業界造成偌大的影響。親愛的讀者朋友，建議你也不妨想想看，自己手邊的工作，已經有哪些可以請 AI 代勞？而產業界的脈動又跟 AI 的發展有哪些關聯呢？

與其惶惶終日，過分擔心、害怕自己被取代，我倒認為我們應該抱持審慎、樂觀的態度，可以想想要如何站在巨人的肩膀上看得更高、想得更遠？我覺得，AI 並不會讓你失業，

◀ AI 好好用
YouTube 頻道

但是那些比你還會用 AI 的人，才有可能讓你失業。也基於這個緣故，我最近在 YouTube 平臺開設了「AI 好好用」頻道（https://www.youtube.com/@ai-for-selling），希望可以透過影片來跟大家分享相關的應用技巧。

所以，現在我們更應該好好思考，要如何去擁抱 AI，甚至多加應用 AI？其實，很多時候 AI 扮演幕後推手的角色，總是在幕後默默地幫助人們。因此我們也可以想想看，如何整合 AI 去產生一個生態系，或者如何串接 API，投入技術開發的領域，以及如何優化現有的工作流程，進而提升工作品質與效率。

2023 年 2 月 2 日，財團法人人工智慧科技基金會（AIF）公布了一份《產業 AI 化大調查》的調查報告（https://edge.aif.tw/press-2022-ai-research/），結果顯示，臺灣整體產業的 AI 化指數表現偏低，僅有 39 分。換句話說，有高達七成的臺灣企業，尚未開始應用 AI，而且數位化程度也不盡理想，顯示國內企業的數位轉型還有待提升。

儘管臺灣大部分的企業，可能都還在 Unknowing AI 及 Conscious AI 的階段，但是我們都希望，國內的企業界可以慢慢往 Ready AI 的範疇去發展。我們可以先盤點內部的一些技術、資訊，觀摩歐美、日本等先進國家，有沒有一些成功的

案例？同時，我們可以思考如何結合臺灣在半導體、資訊科技領域的優勢，進而積極投入 AI 市場。

要知道，AI 除了可以幫我們寫文案、畫畫和寫情詩之外，其實它還能夠發揮更大的效用唷！所以，從此刻開始，我們都應該好好思考怎麼去槓桿（leverage）AI ？話說回來，這些課題自然也是我們每個人的必修學分了。

財團法人人工智慧科技基金會的執行長溫怡玲，在接受媒體採訪時便提到，ChatGPT 所帶來的衝擊無比巨大，除了科技公司首當其衝之外，甚至在大家的生活與學習等不同範疇中，也都受到波及和影響。但是她同時也表示，這一波新浪潮讓大家得以有機會反思，思索未來的發展與因應方向。溫執行長的這一番話，也讓我深有同感。

第二節

如何正確地擁抱 AI

　　隨著人工智慧技術的快速發展，以往大家感覺有點遙不可及的 AI，已經成為日常生活裡的一道風景。AI 時代的來臨，自然對我們的生活和工作都帶來了巨大的衝擊和影響。類似 ChatGPT 這樣的生成式 AI 工具，如雨後春筍般地出現，不但可以幫助大家提升工作效率和生活品質，也已經在財務、法律等各個領域，獲得了廣泛的應用。

　　首先，就提升工作效率來說，類似 ChatGPT 這樣的生成式 AI 工具，可以幫助我們處理各種日常事務和工作任務。例如在編寫報告時，我們可以使用 AI 工具，自動生成摘要和構思大綱，進而節省時間和精力；在回答客戶的電子郵件和安排會議方面，我們也可以利用聊天機器人投入自動化排程，以快速、準確和高效的方式進行處理。

　　此外，在數據分析和決策支援的方面，我們可以使用生成式 AI 工具，進行智慧分析和預測，以便更快、更全面地了解市場趨勢和客戶需求，並做出相應的決策和行動。生成式 AI

工具還可以協助我們做好流程管控、數據清洗和自動化報告等，進而提高工作效率，幫助大家節省時間和精力。

其次，對於提升生活品質來說，以 ChatGPT 為首的生成式 AI 工具也可以發揮重要的作用。例如在知識管理和資訊搜尋方面，我們可以使用生成式 AI 工具來搜集、整理相關的資訊和知識，藉此打開通往世界各地的一扇窗。

此外，在自然語言處理和語音識別的方面，生成式 AI 工具可以幫助我們進行翻譯、文字轉語音和語音轉文字等繁複的任務，進而讓我們擺脫不同語言的隔閡，可以更便利地表達、溝通以及理解不同的社會文化。噢，對了！生成式 AI 工具還可以提供虛擬助理和聊天機器人等應用，例如自動回覆、問答系統和客服代表等，進而為大家提供更好、更全面的服務。

當然，使用類似 ChatGPT、Midjourney 等生成式 AI 工具，也可能存在著一些挑戰和風險。首先，生成式 AI 工具的輸出結果，可能存在誤差和偏差，需要進行適當的人工校驗和調整。其次，生成式 AI 工具需要進行大量的數據訓練和學習，因此需要搜集和使用大量的數據，可想而知，這有可能會涉及到個人隱私和數據安全等問題。

此外，若想要使用生成式 AI 工具，也需要擁有一定的資訊技能和知識，例如對自然語言處理、機器學習和深度學習等

方面的基礎理解和應用能力。

　　看到這裡，也許你會感到好奇：那麼，該如何使用像 ChatGPT 這樣先進的生成式 AI 工具，來提升工作效率和促進生活品質呢？以下是我的幾點建議：

- 了解生成式 AI 工具的應用場景和限制，以確定最適合的使用方式。

  在選擇和使用各種 AI 工具時，應該根據自己的需求及目的，選擇最適合的應用場景和相應的工具。

- 學習使用生成式 AI 工具的指令和操作方式，以快速和準確地完成相應的操作。

  生成式 AI 工具的確有一些入門的門檻，但只要花一點時間熟悉和掌握這些指令，這些 AI 工具不但能夠幫你構思文案或者是畫美女圖，還可以讓它發揮更大的效用唷！

- 保持對話的邏輯和清晰有序，避免出現混亂和不理解的情況。

  在與 ChatGPT 這類的生成式 AI 工具進行對話時，應該注意你所使用的文字是否清晰、邏輯連貫和思路清晰，以確保它能夠準確理解和回應你的話語和指令。

- 注意保護生成式 AI 工具的安全和隱私，避免洩漏敏感的
  個資。
  由於生成式 AI 工具，通常需要經由大量的數據訓練和學
  習，因此需要注意保護數據安全和隱私，避免洩漏個人資
  訊或企業的機密數據。

- 適當地調整生成式 AI 工具的輸出結果，以符合自己的需
  求和意圖。
  在使用相關的 AI 工具時，應該注意適當地調整輸出結果，
  以符合自己的需求和意圖。例如在編寫報告時，我們可以
  使用 ChatGPT 自動生成文章開頭和摘要，但是不能直接
  複製、貼上，建議你需要進行相應的調整和修改，以符合
  報告的整體風格和內容要求。

- 定期更新和升級生成式 AI 工具的版本，以保持最新的性
  能和資訊安全。
  生成式 AI 工具的版本迭代速度飛快，所以通常需要定期
  升級和更新，以提高其性能和安全性。因此，建議你要定
  期關注相關工具或軟體的更新和升級，以便使用最新穎的
  功能。

◀ AI 好好用
　　臉書社團

- 參與相關的社群和討論區，與其他使用者、開發者分享使用經驗和技巧。

  由於 AI 科技的發展一日千里，因此故步自封是很危險的事情！建議你加入共學的行列，歡迎蒞臨「AI 好好用」臉書社團（https://www.facebook.com/groups/aiforselling），和其他 AI 工具的使用者和開發者進行交流和分享。

- 將生成式 AI 工具整合到自己的生活和工作流程中，以提高效率。

  舉例來說，當你在撰寫工作報告或回覆客戶的電子郵件時，就可以適時地使用 ChatGPT、Notion AI 等 AI 工具來進行發想和快速的處理，進而節省時間和精力。

- 不斷學習和探索生成式 AI 工具的最新技術和應用，以發揮其最大的價值。

  眾所周知，生成式 AI 工具的技術和應用正在不斷發展和更新，我想建議你應該秉持審慎、樂觀的心態，對 AI 領域相關事物的發展保持警覺和好奇心，同時不斷地研究和探索相關的最新技術和應用，以確保自己能夠與時俱進。

- 將生成式 AI 工具與其他技術、工具進行整合及應用，以
  發揮其最大的價值。

  生成式 AI 工具通常需要與其他技術和工具進行整合和應
  用，例如：大數據技術、物聯網技術、區塊鏈技術……
  等。因此，建議你除了自身的專業領域之外，也應該學習
  和掌握這些技術和工具，並適時與生成式 AI 工具進行整
  合和應用，以發揮綜效。

第三節

讓 AI 成為你的寫作好幫手

　　我相信，最近你一定看到很多與 AI 相關的新聞報導，也聽聞一些新穎的生成式 AI 工具吧？無論是 ChatGPT、Midjourney，這些都可說是 AI 時代的重要成果之一。因此，我們需要學習如何善用這些 AI 工具，以發揮最大的價值。

　　以寫作來說，我最近幾個月都在和 ChatGPT 培養感情。我赫然發現，站在 AI 這個巨人的肩膀上，的確可以讓我看得更高、更遠！但同時我也發現，有些朋友只是把 ChatGPT、Notion AI 當成是好玩的玩具，或者因為不諳這些 AI 工具的操作方法，所以無法得到理想的回饋。嗯，這樣不免有點可惜。

　　其實，ChatGPT、Notion AI 或者是我之後會跟大家介紹的 WordHero、Shopia 等 AI 寫作工具，誠然都可以在寫作的過程中幫上一點忙！重點是，**你要懂得如何活用**。

　　嗯，讓我先來跟你談談寫作這件事。根據過往十年的寫作教學經驗，我發現真正喜歡寫作的朋友其實不多，雖然大家時

常有機會接觸寫作，但其實許多人的內心還是害怕寫作，或者是無法掌握寫作的訣竅和技巧。

說說看，你喜歡寫作嗎？或者，你會害怕寫作嗎？

很多人一談到寫作，大多容易遇到以下的瓶頸：

- **缺乏自信**：有些人對於自己的寫作能力缺乏自信，可能是因為他們過去在寫作上，有過失敗的經驗，或者是因為對於寫作的要求和標準不清楚。缺乏自信會讓人猶豫不決，影響他們開始和完成寫作。

- **不知道從何開始**：有些人在開始寫作時會感到迷茫，不知道從何入手，這可能是因為他們缺乏寫作的經驗，不知道如何進行寫作規畫。

- **錯誤的結構**：很多人在寫作組織和結構方面犯錯，其實是因為不夠理解相關的脈絡。這會導致文章內容不清晰、邏輯混亂，甚至影響文章的品質和可讀性。

- **文章沒有重點**：一篇沒有明確主旨和中心思想的文章，往往會讓讀者無所適從。很多人在寫作之初，並沒有仔細設想這些問題，所以自然寫不出擲地有聲的好文章！

- **文字表達能力不足**：有些朋友在文字表達方面，可能會遇到各種困難，例如使用不當的詞彙和語法。這可

能是因為他們缺乏閱讀和寫作的經驗，或是文字和口
語之間的轉換不夠靈活。

- **無法引用資料**：很多時候，我們在寫作中需要引用外
部資料，但卻不知道如何進行。這可能是因為大家
缺乏相關知識，不知道如何使用相關的工具與參考
文獻。

- **沒有進行寫作規畫**：有些人沒有打草稿的習慣，所以
無法進行詳細的規畫和草擬，這可能會導致文章內容
混亂，讀起來沒有重點。歸根究柢，由於缺乏縝密的
寫作計畫，所以很多人不知道該如何從主題入手。如
此一來，自然也不曉得該如何進行分析、撰寫主旨等
步驟。

- **無法理解寫作的動機**：有些人在寫作的過程中，可能
會感到困惑，不知道寫作的目標和動機。這可能是因
為需求和目標沒有被清楚地交代、解釋，或是本身缺
乏對寫作的知識和技能，不知道如何運用寫作技巧來
達成目標。

- **缺乏靈感**：很多人在開始寫作時，容易陷入缺乏靈感
的狀態，無法開始動筆，也很難順利完成寫作。這可
能是因為平時缺乏創意發想的訓練，以及啟發靈感的

經驗，或是缺乏對於主題的瞭解和感興趣的領域。

- **不會進行修改和編輯**：完成文章的撰寫後，有些人會選擇直接交卷，而忽略了修改和編輯的步驟，這可能會導致文章內容不清晰、拼寫和文法錯誤。當然，問題的癥結往往出在大家可能不知道如何進行修改和編輯，或是缺乏編輯和校對的經驗。

以我自己來說，我從小就喜歡閱讀和寫作，所以一開始的時候，其實我不是那麼能夠理解大家之所以害怕寫作的原因。當然，由於這幾年我時常在公部門、企業與大學院校授課，接觸了大量的學員之後，我益發能夠感受到大家在學習寫作上所遇到的瓶頸與痛點。

我拿這個問題請教 ChatGPT，請它幫忙歸納可能讓人害怕寫作的原因：

- **缺乏寫作經驗和技巧**：對於那些缺乏寫作經驗和技巧的人來說，寫作可能會讓他們感到不自信和害怕。他們可能擔心自己的文章不好，寫作也會變成一個負面的體驗。

- **不知道如何開始**：對於一些人來說，開始寫一篇文章可能會非常困難，他們不知道從何入手，可能需

要花費很長時間來想出一個適合的開頭，這樣的困難可能會讓他們舉足不前。

- **時間不足**：很多人可能會害怕寫作，因為他們覺得寫作需要花費大量的時間和精力。對於那些工作繁忙或時間不足的人來說，寫作可能會成為一項負擔。

- **沒有靈感**：寫作需要有靈感和創造力，對於某些人來說，可能是充滿挑戰的事，他們可能會害怕自己無法想出好的點子，進而導致寫作不順暢。

- **文章品質不佳**：寫作是一個非常主觀的創作過程，每個人的標準都不同。對於一些人來說，他們可能害怕自己的文章不好或者不符合標準，進而失去動力和信心。

- **沒有清晰的想法**：寫作除了需要鋪陳，更要有清晰的想法和結構。對於某些人來說，他們可能無法清晰地表達自己的想法，因此感到無助。

- **缺乏回饋**：寫作通常是一個獨立的活動，缺少互動和意見回饋，可能會讓人感到孤單和無助，他們可能害怕自己無法得到足夠的回饋和支持。

- **拼寫和文法錯誤**：有些人常會寫錯別字，或是遇到文法錯誤的問題，這可能會影響他們的信心和動力。

- **文章篇幅太短或太長**：有些人會擔心自己的文章篇幅過短或過長，不符合要求，這同樣會讓他們感到不安和害怕。

- **沒有足夠的知識**：對於那些缺乏相關知識和背景的人來說，寫作可能會變得更加困難，讓他們心生畏懼。

歸根究柢，為什麼大家會害怕寫作？這是因為寫作對於很多人來說，是一件具有壓力和挑戰性的事情，所謂「提筆千斤重」，大概指的就是這樣的現象吧！

說到寫作，很多人都不知道該從哪裡開始著手？首先，缺乏寫作經驗和技巧的人，可能會感到沒有自信，擔心自己的作品不好，進而影響寫作的積極性。

其次，寫作可能需要耗費大量的時間和精力，無論是學生或上班族，都可能會害怕無法在時間內完成寫作任務。此外，寫作需要思考和創造力，而這兩點對於某些人來說，可能會充滿困難和挑戰。

最後，寫作通常是一種獨立的活動，缺少與他人的互動、交流，可能會讓寫作者感到孤單和無助。

為了克服這些害怕和困難，大家需要學習寫作的技巧和方

法，並透過練習來建立自信和能力。如果你也有類似的困擾，
建議平時就要大量閱讀和寫作，藉此了解不同的寫作風格和技
巧，進而提升自己的寫作水準。除此之外，找到一個有經驗的
寫作教練或者參加寫作課程，也可以幫助大家克服寫作的害怕
和挑戰。

　　當然，如今有了各種 AI 寫作工具的協助，可以讓你加速
學習寫作的技巧。綜觀 AI 寫作工具帶來的好處，像是：

- **提高效率**：AI 寫作工具可以自動生成文字、結構和格
  式，節省了大量的時間和精力，提高了寫作效率。

- **提升品質**：AI 寫作工具可以根據大型語言模型和演
  算法，生成高品質的文字內容，提高了作品的品質和
  價值。

- **節省成本**：相較於聘請專業作家或編輯，使用 AI 寫
  作工具可以節省相當大的成本和人力資源。

- **擴大創意**：AI 寫作工具可以幫助寫作者快速產生創意
  和靈感，並探索更廣泛的主題和類型，拓寬了創作空
  間和可能性。

- **自我提升**：AI 寫作工具可以自動檢測和修正語言、文
  法和風格等問題，幫助寫作者增進寫作技能與信心。

　　整體而言，使用 AI 寫作工具可以為寫作者帶來很多好處，不僅提高了寫作效率和品質，還可以幫助寫作者拓寬創作空間和提升寫作技能，進一步提高自己的寫作水準和價值。

　　如果把 AI 寫作工具限縮到 ChatGPT，那麼它可以給我們哪些的指引呢？

- 提供寫作技巧和策略

  ChatGPT 可以提供寫作技巧和策略，好比如何開始構思一篇文章、如何撰寫標題和安排段落、如何進行修改和編輯等，這可以幫助你建立自信和寫作能力。

- 提供寫作範例和指引

  ChatGPT 可以提供寫作範例和必要的指引，好比提供不同類型的寫作題目，讓你進行練習和改進，進而了解不同的寫作風格和寫作技巧。

- 提供文法和拼寫檢查

  ChatGPT 可以提供文法和拼寫檢查功能，幫助你在寫作過程中避免犯錯，進而提升文章的品質。

◀ Vista 官網

◀ Vista
臉書粉絲專頁

- 提供回饋和建議
  ChatGPT 可以提供意見回饋和建議，針對你的寫作作品進行評估和指導，幫你提升寫作水準，同時也有助於幫你建立對寫作的信心。

- 提供課程和寫作社群
  ChatGPT 可以幫你搜集很多跟寫作課程和寫作社群相關的資訊，讓你能夠在交流和合作中學習寫作技巧和知識，並獲得同儕的支持和鼓勵。

　　ChatGPT 可以扮演寫作教練、編輯等多元的角色，只要你懂得活用 AI 寫作工具，就可以請它提供多樣化的寫作指導，協助你克服寫作的害怕和困難，進而建立自信和寫作能力。希望你不要放棄寫作的初衷，若能持續練習，有朝一日一定可以成為一位優秀的寫作者。如果你有任何寫作的問題，也歡迎透過我的官網（https://www.vista.tw）或是粉絲專頁（https://www.facebook.com/iamvista）與我聯繫！

第四節
如何為 AI 時代的來臨做好準備

　　彷彿在一夕之間，AI 就這樣無聲無息地出現在你我身旁。最近，我們每天被大量的 AI 資訊所包圍，相信你已經感受到了這股風潮。

　　在當今世界中，人工智慧技術正在快速發展，並且已經開始影響我們的生活和工作。無論你是一位上班族還是學生，都需要為這個勢不可擋的全球趨勢做好準備，以確保你的工作效率與生活品質能夠與時俱進，而不被這波巨浪所吞噬。

　　我是一個跨領域的發展者，曾經混跡於資訊科技、媒體、電商與文化創意等不同的產業，我也當過工程師、產品經理、記者和主編，所以很清楚全球商業趨勢與資訊科技的脈動。

　　現在，我想針對正在看本書的你，提供一些真誠的建議，以便為 AI 時代的來臨做好準備：

* **掌握數據分析技能**

　　數據分析，可說是人工智慧技術的重要應用之一。掌握數據分析技能可以幫助你更能理解和應用人工智慧技術，迅速

且有效地分析、解決問題。無論你是否從事市場行銷相關的工作，都應該多熟悉一下相關的技術，並且學習如何使用數據分析工具，以便幫助你更快速地掌握市場趨勢和客戶需求。

• 掌握自然語言處理技能

自然語言處理是人工智慧技術的另一個重要應用，掌握自然語言處理技能，對撰寫和編輯內容有所幫助。如果你的工作時常需要寫作，那麼趁機會學習一下自然語言處理的相關技能與工具，可以幫助你更快進入狀況，同時可以在 AI 寫作工具的協助下，寫出更具有吸引力和說服力的文章。

• 持續學習跨領域的知識

人工智慧技術的發展速度非常快，可說是一日千里！新穎的技術和應用不斷推陳出新，我們都需要與時俱進。因此，建議你需要秉持成長心態，抱持求新、求變和持續學習的精神，以跟上這個時代趨勢的步伐。

你可以透過參加線上課程、閱讀書籍和參加研討會等方式來學習和更新知識，也歡迎加入我所主持的「AI 好好用」社團（https://www.facebook.com/groups/aiforselling） 和「AI 好好用」YouTube 頻道（https://www.youtube.com/

@ai-for-selling/videos）來掌握 AI 時代的最新脈動。

- **掌握相關的 AI 工具和平臺**

　　人工智慧技術的發展，也帶來了許多便捷的工具和平臺。坊間許多的軟體、服務，最近也都紛紛加入了 AI 的功能，可以讓你更快地悠遊於 AI 世界中，開始享受人工智慧技術所帶來的便利和效率。

　　舉例來說，像是知名的社群媒體管理平臺 Hootsuite（https://www.hootsuite.com）、圖形設計工具 Canva（https://www.canva.com）、數位寫作和文法檢查工具 Grammarly（https://www.grammarly.com）……等，都是時下相當流行且非常實用的 AI 工具和平臺，可以幫助你更有效率地設計、編輯和管理各種內容，甚至是從事數位行銷與管理社群媒體活動等。

- **培養創造力和情感智慧**

　　人工智慧技術雖然可以幫助我們分析和處理大量的數據和文本，但它缺乏人類情感、創造力與想像力。因此，我們需要培養自己的創造力和情感智慧，並且在工作中充分應用。好比你若是一名需要仰賴創意的圖像設計師，除了專業技能的養

成，你更需要發揮自己的創造力和想像力，進而設計出更具有吸引力和創意的作品。

● 了解人工智慧技術的影響

世間萬物，往往都有正反兩面。誠然，人工智慧為大家帶來了許多的便利，也提升了工作效率；但是，相對地也會帶來了一些問題和風險。可想而知，它也已經開始影響我們的生活和工作。因此，你需要了解人工智慧技術可能造成的衝突、影響，包括其優勢、風險和各種挑戰。

所謂「知己知彼，百戰不殆」，唯有充分理解人工智慧技術的各種面向，才能夠幫助你做好準備，應對未來不可知的各種挑戰和風險。

看完上述的建議，不知道現在你是否已經胸有成竹了？接下來，我分別從心態、方法和實際操作等不同的層面切入，為你整理出一份可以參考的學習列表，希望對你有幫助：

面對 AI 的心態	理解 AI 的方法	學習 AI 的實際操作
接受改變是不可避免的,不要害怕學習新技能。	看書或透過線上課程學習,加強對 AI 工具、網路安全和數據分析等領域的認知。	學習使用 AI 工具和相關的程式語言,好比 Python 和 R 語言等。
對於 AI 的能力和限制要有正確的認識,不要盲目相信 AI 的結果。	加強對資料科學和機器學習的了解,以理解 AI 的背後原理。	參加 AI 競賽或課程,以實踐所學並提高自己的技能。
繼續學習,不斷自我提升,以應對技術變化。	可採用敏捷開發的方法,以便快速跟上技術變化。	加入 AI 相關社群或論壇,以分享知識和經驗。
將 AI 視為幫手而非取代人類的工具,以便更有效地應用 AI。	建立學習計畫,以幫助自己掌握 AI 的相關技能。	與 AI 專業人員和工程師合作,以進行共同開發和專案。
維持開放和批判的態度,以利與不同背景和專業的人合作。	將 AI 整合到現有的工作流程中,以提高效率和產品的品質。	運用 AI 解決業務問題,例如預測需求和優化生產流程。
相信數據,但也不要忽略直覺和經驗。	為 AI 應用設定明確的目標和指標,以便評估其效果。	維護數據品質和可靠性,以保證 AI 的正確性和可信度。

面對 AI 的心態	理解 AI 的方法	學習 AI 的實際操作
不斷尋求新的應用場景，以擴大 AI 的應用範圍。	將 AI 納入自己的營運策略和規畫中，以保持競爭優勢。	與 AI 相關的廠商合作，充分整合、運用他人的專業知識和技術。

整體而言，無論現在你是上班族、創業者、自由工作者、退休人士或者只是一位學生，我們都應該內建成長思維，為 AI 時代的來臨做好萬全的準備。

國立清華大學人工智慧研發中心的孫民副教授曾經說過：「你不會被 AI 取代，但有可能會被懂得用 AI 的人取代。」這不僅意味著你需要了解人工智慧技術可能帶來的衝突、影響，也必須掌握各種前沿的新技能，才能在接下來風起雲湧的 AI 時代倖存。

因此，我想建議你為接下來的人生擬定學習、進修的計畫──不只是加強原本的專業，更要熟稔相關的 AI 工具和平臺的應用，同時也要培養自己的創造力和提升情商。唯有這樣，才能確保你的工作和日常生活不受影響。

第二章
AI 寫作工具大閱兵

第一節
AI 寫作的發展沿革

　　讓我們進入第二章。在開始為你介紹各種 AI 寫作工具之前，我想大家還是需要先對 AI 寫作這件事情，有一些基本的認識與了解。

　　顧名思義，AI 寫作是指利用人工智慧技術來協助或自動生成文本內容的過程。AI 寫作運用了包括自然語言處理（NLP）、機器學習（Machine learning）、深度學習（Deep learning）在內的多項相關技術，來創建自動化寫作流程。AI 寫作的應運而生，並不是為了取代人們的創作，而是可以幫助大家節省時間、提高效率，同時也讓內容的產製可以更為精確，並且在短暫的時間內生成大量內容，進而增加社會大眾對各個企業、品牌的感知與曝光率。

⑤ 小辭典 / 自然語言處理

自然語言處理（英語：Natural Language Processing，縮寫作 NLP）是人工智慧和語言學領域的分支學科。此領域探討如何處理及運用自然語言；自然語言處理包括多方面和步驟，基本有認知、理解、生成等部分。自然語言認知和理解，是讓電腦把輸入的語言變成有意思的符號和關係，然後根據目的再處理。自然語言生成系統，則是把電腦數據轉化為自然語言。

→ https://zh.wikipedia.org/wiki/ 自然語言處理

⑤ 小辭典 / 機器學習

機器學習是人工智慧的一個分支。人工智慧的研究歷史有著一條從以「推理」為重點，到以「知識」為重點，再到以「學習」為重點的自然、清晰的脈絡。顯然，機器學習是實現人工智慧的一個途徑之一，即以機器學習為手段，解決人工智慧中的部分問題。機器學習在近三十多年已發展為一門多領域科際整合，涉及機率論、統計學、逼近論、凸分析、計算複雜性理論等多門學科。

→ https://zh.wikipedia.org/wiki/ 機器學習

⑤ 小辭典 / 深度學習

　　深度學習是機器學習中一種基於對資料進行表徵學習的演算法。觀測值（例如一幅圖像）可以使用多種方式來表示，如每個像素強度值的向量，或者更抽象地表示成一系列邊、特定形狀的區域等。而使用某些特定的表示方法，更容易從實例中學習任務（例如，臉部辨識或面部表情辨識）。深度學習的好處是用非監督式或半監督式的特徵學習和分層特徵提取高效演算法，來替代手工取得特徵。

→ https://zh.wikipedia.org/zh-tw/ 深度學習

　　如果我們要回顧 AI 寫作的歷史，至少可以追溯到 20 世紀的 50、60 年代。當時，世界各國的電腦科學家開始研究人工智慧和自然語言處理技術，他們開發了一些最早的自動化寫作系統，然而受限於當時的資訊技術發展，這些系統的能力非常有限，僅能處理非常簡單的文本。

　　隨著時間的推移，人工智慧和機器學習技術得到了巨大的發展，AI 寫作技術也得到了顯著的提升。如今，AI 寫作已經可以應用於各種不同的領域，包括新聞寫作、廣告文案、社群

媒體貼文、網站內容與學術論文……等。甚至，近來也有一些作家開始運用 AI 寫作工具來嘗試藝文創作。

簡單來說，推廣 AI 寫作的主要目標，並不是為了取代文字工作者，而是可以為廣大的內容產製者、作家提供協助，使他們得以更加高效地完成工作，進而節省寶貴的時間和精力。

話說回來，AI 寫作技術除了可以自動生成文章，更具有增加文章的流暢性和易讀性、自動校對與自動化翻譯等優勢，這些功能與特性，不但可以大幅簡化寫作的過程，更有助於提高內容的品質。

特別需要注意的是，AI 寫作聽起來雖然很神奇，但至今仍然存在一些限制和挑戰。舉例來說，在理解文本的脈絡和文化背景方面仍然存在困難，遠遠不及人們的思想。因此，AI 寫作仍然需要人類的參與和監督，以確保生成的內容符合正確的風格和主題。

AI 寫作的確有其價值和好處，好比可以幫助人們快速生成大量的文本內容，減少了人工編寫的時間和精力，並且在某些情況下，可以提供更高的精確度和一致性。在商業、科學與技術等領域，AI 寫作已經被廣泛應用，例如：自動生成報告、新聞稿、商品說明與客戶信函……等。

然而，有一點要請你切記：**即便 AI 寫作工具再厲害，都不能完全取代人們的創作**。換言之，人類無窮的創造力和想像力是 AI 無法替代的。

AI 寫作之所以可行，主要是基於已經存在的數據和知識，電腦透過大數據分析和組合來生成文本。眾所周知，AI 缺乏情感、經驗和價值觀等人類特有的能力，而這些能力卻又是創造出真正有深度和靈魂的文學作品所必須具備的。

此外，文學作品也是藝術的一種形式，它反映了作者的個性、情感和經歷，就好像我們之所以喜歡金庸、村上春樹、J‧K‧羅琳或東野圭吾的作品，其實也是因為喜歡或欣賞他們的人格特質。可想而知，這些都是 AI 無法模擬和替代的。因此，AI 寫作在文學創作領域中的應用仍然相當有限，處於早期階段；當然，相關領域的未來發展無可限量，這部分我們可以持續關注。

整體而言，AI 寫作的應用將會愈來愈普遍，可以想見未來在許多領域中會得到更廣泛的應用。但是就短期來看，它還無法取代人們的創作能力和創造力。

AI 寫作的特色如下：

- **快速高效**：使用 AI 寫作技術可以快速生成大量的文本內容，節省時間和人力資源，提高生產力。

- **高度精確**：AI 寫作技術可以自動檢測文章內容，為你揪出錯誤，提高內容的準確性和整體品質。
- **多語言支援**：AI 寫作技術可以自動翻譯文本，支援多種語言之間的互譯，促進跨國交流和多種語言的寫作。
- **大數據分析**：AI 寫作技術可以自動搜集和分析大量的數據，產生更加客觀和全面的分析報告和文章。
- **個性化寫作**：AI 寫作技術可以透過分析用戶的習慣和偏好，生成個性化的文本內容，提高用戶體驗和互動性。
- **自動化流程**：AI 寫作技術可以實現自動化流程，減少人力資源的浪費，提高寫作的效率和準確性。
- **可持續發展**：AI 寫作技術可以根據不斷變化的市場需求和用戶回饋進行調整和優化，進而實現可持續發展。

可想而知，AI 寫作的確可以應用於許多不同的領域。我為你整理了一些常見的應用場景，歡迎參考：

- **新聞寫作**：AI 寫作工具可以協助媒體從業人員產製新聞報導、社論與人物專訪等文本，幫助記者和編輯節

省時間和精力。

- **廣告文案**：AI 寫作工具可以幫你生成廣告標語、商品宣傳文案和銷售頁大綱，提高廣告效果和銷售額。

- **社群媒體發文**：AI 寫作工具可以為你產製社群貼文、部落格文章等內容，進而增加你在社群媒體的聲量、曝光率以及和用戶互動的頻率。

- **網站內容**：AI 寫作工具可以生成網站文章、產品說明與 FAQ 等內容，提高網站的 SEO 排名和用戶體驗。

- **學術論文**：AI 可以協助你產製學術論文、研究報告等內容，提高研究的品質與效率。

　　琳瑯滿目的 AI 寫作工具雖然很方便，但仍然需要經過反覆檢視與修正，方能確保生成的內容符合正確的風格和主題。因此，建議你把 AI 寫作工具當成日常寫作的輔助工具，不宜完全替代自己的寫作任務。

　　此外，AI 寫作技術的品質，通常也取決於所使用的資料和語言訓練模型的品質，這個部分的成長，看起來還需要等待一些時日。

　　眾所周知，寫作需要耗費大量的時間和精力，且產出的內容品質，往往受到作者個人能力和經驗的限制。這也難怪日本

知名作家村上春樹曾說，寫作是一種體力活！特別是寫長篇小說，簡直就是紀律加體力的生產活動。

所以，村上春樹規定自己每天要持續寫作五到六小時，至少要寫滿十張四百字稿紙。他認為，身體的運動和知性作業的日常性結合，對作家所進行的創造性勞動，能產生理想的影響。所以打從成為專業作家的那天開始，他每天都固定跑步一個小時或游泳，已經持續了三十幾年。

看到這裡，相信你對 AI 寫作已經有了基本的認識。對於作家、社群編輯以及廣大的內容產製者來說，如今有了 AI 技術和 AI 寫作工具的協助，可說是如虎添翼。

就現階段來說，用 AI 為寫作賦能，也許不是每個人都能夠接受的，我也很清楚這件事對於傳統的內容產業所帶來的衝擊和影響，是何其地巨大！但持平來說，看到各式各樣的 AI 寫作工具如雨後春筍般地應運而生，便不難知曉我們已經進入了嶄新的紀元。

AI 寫作，不但已經進入了我們的視野之中，更誠然可以為廣大的創作者、編輯等相關人士帶來一些具體的好處：

好處	簡介
1. 提高效率	AI 寫作工具可以自動完成某些任務，例如：生成摘要、編輯和校對內容，節省時間和精力。
2. 提高準確性	AI 寫作工具可以為創作者、編輯檢查各種內容中不容易發現的語法和拼寫錯誤，進而提高文本的準確性和可讀性。
3. 增強創造力	AI 寫作工具可以提供想法和主題，幫助創作者、編輯增進靈感，進而拓展多元的創造力和思維方式。
4. 提供多語言支持	AI 寫作工具可以翻譯多種語言，幫助創作者、編輯在不同的語言環境中進行寫作和溝通。
5. 減少重複性任務	AI 寫作工具可以針對排版等寫作、編輯流程進行自動化，減少創作者、編輯需要處理的重複性任務。
6. 提高內容品質	AI 寫作工具可以提供關於內容品質的回饋與建議，幫助創作者、編輯精進內容。
7. 增加效益和獲利	AI 寫作工具可以幫助企業縮短產品上市時間、提高品牌曝光率和增加收入。
8. 優化 SEO	AI 寫作工具有助於 SEO，使你的內容更容易於被搜尋引擎索引和搜尋。

好處	簡介
9. 自動化生成報告	AI 寫作工具可以幫你自動產製報告,除節省人力和時間之外,還可提高報告的精確性和可靠性。
10. 可以擴展應用場景	AI 寫作工具可以應用於多個領域,例如:新聞、廣告、內容行銷、科學研究等。

第二節
ChatGPT 簡介

最近，你一定聽到很多人在談論 ChatGPT（https://openai.com/blog/chatgpt）。這款具有人工智慧特色的網路聊天機器人才推出短短兩個月，全球的用戶人數就已經衝破一億大關。

根據 SimilarWeb 網站的調查顯示，在 2023 年 1 月份，OpenAI 在全球的排名已躍升至第 44 位，同時在過去的兩個月裡，該網站的訪問量也迅速從 1830 萬成長到 6.72 億。一口氣成長了 3572%，也一舉打破 Facebook、Instagram、TikTok 等過往知名網路服務的紀錄，掀起了一波人工智慧（AI，Artificial Intelligence）的新浪潮。

最近，不但有許多的媒體爭相報導，國內幾家主流的商業雜誌也紛紛以封面故事的顯著篇幅來介紹，而從大學生、上班族、老師、網紅、作家到企業家，也紛紛開始搶趕這班列車。

那麼，到底什麼是 ChatGPT（Chat Generative Pre-trained Transformer）呢？它跟我們又有什麼關係呢？這一

切要從人工智慧開始談起。

　　其實人工智慧並不是近來才崛起的科技產物，AI 的歷史可以追溯到 20 世紀初，但是直到最近幾十年，AI 才取得了顯著的進展。在過去的幾十年中，AI 技術得到了飛速發展，尤其是在機器學習、深度學習和自然語言處理等領域取得了重大突破。AI 技術現在已經應用於各個領域，包括自動駕駛、智慧家居、醫療保健、金融服務、教育等等不同的範疇。

　　當前，伴隨著 AI 技術不斷地進步，也有愈來愈多的人開始關注人工智慧技術。其中一種比較受歡迎的應用就是自然語言處理。來自美國的 OpenAI，是一家致力於研究人工智慧技術的公司，他們的目標是創建一個可以自動學習和理解自然語言的 AI 模型。為了實現這一目標，OpenAI 開始了一個名為 GPT（Generative Pre-trained Transformer）的研究專案。

　　大家現在所看到的 ChatGPT，可說是 AI 技術的一種應用，它是基於 OpenAI 的大型語言模型，能夠自動理解人類語言和情感，生成符合人類語言邏輯的回答。

　　ChatGPT 利用深度學習技術，透過大量的語料庫學習自然語言的語法、語義和上下文脈絡（Context）等知識，生成一個自動化的模型，能夠對用戶的輸入進行分析，理解輸入中的上下文和情境，生成符合人類語言邏輯和語法的回答。

因此，我們可以將 ChatGPT 視為是 AI 技術的一種應用，不難想見這也是全球自然語言處理的重要進展。

ChatGPT 是 OpenAI 創建的一個基於 GPT 的自然語言生成模型（Natural Language Generation Model），它是一個可持續學習和不斷進化的模型，可以與人進行對話，並產生符合人類語言邏輯的回答。

ChatGPT 的優點，在於它可以自動理解人類的語言和情感，並能夠模擬人類思考的過程，生成符合人類邏輯和語法的文本。而以上的這些優點，自然也跟大家所熟悉的 Google、百度與 Bing 等傳統的搜尋引擎大不相同。

它是 GPT 系列的最新版本。該系列的第一個版本 GPT-1 在 2018 年發布，並隨後在 2019 年推出了 GPT-2。

在 2020 年，OpenAI 發布了 GPT-3，這是當時最大的自然語言處理模型，並且具有高度的生成能力。ChatGPT 則是 GPT-3 的一個縮小版本，針對聊天和對話應用進行了優化。

簡單來說，所謂的 GPT 是一種基於網際網路可用數據訓練的文本生成深度學習模型。它適合用於問答、文本摘要生成、機器翻譯、分類、代碼生成和對話 AI。

那麼在哪些應用場景或使用情境，使用 ChatGPT 會比 Google 來得好？請舉例說明。

 使用 ChatGPT 通常適用於以下幾個場景或情境：

1. 自然語言生成和編輯方面：ChatGPT 的自然語言生成和編輯能力非常強大。因此，在需要進行自然語言生成和編輯的應用程序中，使用 ChatGPT 會更為適合。例如，一些寫作工具和輔助程式，如智能文本編輯器、寫作助手等，都可以基於 ChatGPT 的自然語言生成和編輯能力來進行開發。
2. 情境理解和應對方面：ChatGPT 擅長進行對話、問答等操作，並且可以根據上下文來進行理解和應對。因此，在需要進行情境理解和應對的應用程序中，使用 ChatGPT 會更為適合。例如，在虛擬助手、聊天機器人等應用程序中，使用 ChatGPT 可以實現更自然的對話體驗。
3. 文本摘要和生成方面：ChatGPT 能夠生成文本摘要、故事、詩歌等不同類型的文本，並且能夠生成與上下文相關的自然語言文本。因此，在需要進行文本摘要和生成的應用程序中，使用 ChatGPT 會更為適合。例如，在新聞自動摘要、自動寫作等應用程序中，可以使用 ChatGPT 來生成文章、新聞報導等。

總之，ChatGPT 的應用場景非常廣泛，特別是在需要進行自然語言生成、對話、文本摘要和生成、情境理解和應對等方面的應用程序中，ChatGPT 的表現會更優秀。

ChatGPT 具有理解和響應自然語言輸入的能力，使其成為對話式 AI 平臺（Conversational AI Platform）的強大工具。此外，它還具有從大量文本數據中學習的能力，能夠生成與上下文相關的回應。

ChatGPT 的工作原理基於深度學習和自然語言處理技術，它使用循環神經網路（RNN，Recurrent Neural Network）和注意力機制來理解並生成自然語言文本。模型的訓練過程，使用了大量的語言數據和模型優化來生成自然語

言文本，同時搭配先進的機器學習技術，使得 ChatGPT 能夠
自動理解和生成自然語言對話。

---

⑥ 小辭典 / 循環神經網路

　　循環神經網路（Recurrent Neural Network：
RNN）是神經網路的一種。單純的 RNN 因為無法處理
隨著遞歸，權重指數級爆炸或梯度消失問題，難以捕捉
長期時間關聯；而結合不同的 LSTM 可以很好解決這個
問題。時間循環神經網路可以描述動態時間行為，因為
和前饋神經網路（Feedforward Neural Network）接
受較特定結構的輸入不同，RNN 將狀態在自身網路中循
環傳遞，因此可以接受更廣泛的時間序列結構輸入。手
寫識別是最早成功利用 RNN 的研究結果。
→ https://zh.wikipedia.org/zh-tw/ 循環神經網路

　　當用戶與 ChatGPT 進行對話時，模型會先把用戶的輸入
文本編碼成一個向量檔案，然後使用循環神經網路和注意力機
制來生成下一個單詞或短語。模型會使用已經生成的文本來更
新上下文，從而生成連貫的自然語言文本。

　　換句話說，ChatGPT 能夠生成複雜的自然語言對話，並且能夠根據對話的上下文和意圖來進行生成，這也會讓用戶更方便自在，也更容易從對話中找到想要的答案。

　　此外，ChatGPT 還使用了預訓練（Pre-Training）和微調的技術來提高模型的性能。預訓練是一種使用大量文本數據來預訓練模型的技術，這可以幫助模型學習到更廣泛和更深入的知識。在預訓練模型的基礎上對模型進行微調，以適應特定任務的技術，此舉可以幫助模型更能理解和處理不同類型的文本數據。

　　ChatGPT 的主要特點是能夠生成高品質且連貫的自然語言文本，而且可以處理和理解全球通用的多種語言。它能夠自動理解和處理文本數據，包括語意和語法等方面，故而能夠生成具有邏輯和上下文連貫性的自然語言文本。

　　另外，ChatGPT 在設計時針對聊天和對話應用進行了優化，因此它非常適合用於即時互動和人機對話。ChatGPT 還可以生成具有多樣性和創造性的文本，這意味著它可以生成不同的文本變化，而不是僅僅複製輸入文本，而這也是目前為止搜尋引擎所不能及的境界。

　　整體而言，ChatGPT 具有以下的特點：

- **自然語言生成**：ChatGPT 能夠理解和生成自然語言，並且可以持續學習和不斷進化。
- **情感理解**：ChatGPT 可以識別和理解人類語言中的情感和情緒，生成符合情境和語氣的回答。
- **上下文感知**：ChatGPT 可以理解對話中的上下文脈絡，並生成符合對話邏輯的回答。
- **多語言支持**：ChatGPT 可以支援英文、中文、西班牙文、德文與日文等多種語言，並且可以為不同的文化和地區的人們提供更好的對話體驗。

相信看到這裡，你已經可以理解：ChatGPT 是一個非常強大的大型語言模型，它可以幫助人們更簡單、妥善地理解和應用自然語言技術。

ChatGPT 可以用於各種自然語言處理應用，包括文本生成、自動翻譯、語音識別和語音合成等。以下這些特點，可以說是 ChatGPT 的強項：

- **自然語言生成**：ChatGPT 有能力生成連貫、創造性和高質量的自然語言文本，可以用於各種文本生成任務，如對話生成、摘要生成、文本糾錯等。
- **自動翻譯**：ChatGPT 擅長處理多種語言，因此可以用於自動翻譯任務，包括文本和語音翻譯。

- **語音識別和語音合成**：ChatGPT 可適用於語音識別和語音合成任務，透過將語音檔案數據轉換成文本數據進行處理，然後再將文本轉換成語音數據。
- **智慧客服**：ChatGPT 可以應用於智慧客服系統，可以處理客戶的問題並提供準確和有用的答案，進而提高客戶滿意度和效率。
- **智慧助手**：ChatGPT 可以應用於開發智慧助手，如虛擬人物、智慧家居等，可以與用戶進行對話和互動，提供各種服務和支持。
- **自動摘要**：ChatGPT 可以自動生成文章的摘要，從而節省人工處理大量文本的時間和精力。

總之，ChatGPT 在各種自然語言處理應用中都有著廣泛的應用前景，其能力的不斷提高和優化，使得它成為自然語言處理領域的重要研究方向之一。

ChatGPT 不但能寫詩、說笑話和計算數學問題，更可以用於多種應用場景和不同行業中。以下是一些 ChatGPT 可能的應用場景，像是：

- **聊天機器人**

ChatGPT 可以被用來創建聊天機器人（Chatbot），這些機器人能夠實現智慧對話並提供各種支援服務，好比客服、

售後服務、行銷和推廣等。這些應用場景在製造、零售、金融與醫療等不同行業中,都有廣泛的應用。

舉例來說,銀行可以使用 ChatGPT 來創建智慧客服機器人,來回答大量客戶的問題、提供帳戶資訊以及幫助客戶處理金融交易等服務。

* 智慧助手

ChatGPT 還可以用於創建智慧助手(Intelligent Assistant),如虛擬人物、智慧家居等。這些智慧助手能夠與用戶進行對話和互動,提供各種服務和支持,好比約會提醒、天氣預報與家居控制等。

以智慧家庭的範疇來說,像是家居設備的製造商,就可以使用 ChatGPT 來創建智慧家居助手(Smart Home Assistant),幫助用戶管理家庭設備、控制家庭環境、安全和照明等。

* 文本生成和自動摘要

ChatGPT 可以用於生成文本和自動生成文章摘要,這種應用場景在新聞、媒體和出版等行業中有廣泛的應用。好比各大媒體可以使用 ChatGPT 來發布新聞或產生外電摘要和標

題，並將其用於編輯和發布文章。出版商可以使用 ChatGPT
來自動生成圖書簡介、目錄和大綱，進而提高出版流程的生產
效率。

• 自然語言理解和處理

ChatGPT 還可以用於自然語言理解和處理，如文本分
類、資訊提取和情感分析等。這種應用場景在金融、醫療與保
險等行業中都有廣泛的應用。

舉例來說，醫院、診所等醫療機構可以使用 ChatGPT 來
分析醫療紀錄、判斷病情和提供診斷建議。而保險公司或金控
機構，則可以使用 ChatGPT 來自動處理理賠申請、評估索賠
金額和提供客戶服務。

整體而言，ChatGPT 在多個行業中都有著廣泛的應用前
景，它的應用範圍還在不斷擴大和完善。隨著 ChatGPT 技術
的不斷發展，我們相信它將會在愈來愈多的領域中發揮重要的
作用。

舉例來說，我們可以請 ChatGPT 幫忙構思廣告文案：

「在城市，探索城事」這是7-11便利商店的咖啡廣告文案。

But this slogan didn't mention about coffee and the ad hook isn't very catchy. Can you create five variations that are more eye-catching without being too gimmicky?

Using markdown table and written in traditional Chinese.

廣告文案	翻譯
「探索城市，尋找好咖啡。」	將焦點轉移到咖啡本身，強調在城市裡尋找最好的咖啡體驗。
「7-11，你城市探險家的最佳夥伴。」	將7-11定位為城市探險家的必備良伴，並搭配咖啡主題，增強品牌形象。
「在城市裡，只要有7-11，就能隨時隨地享受一杯好咖啡。」	強調品牌的便利性，讓消費者隨時隨地都能享受到美味的7-11咖啡。
「探索城市的同時，與7-11一起品味好咖啡。」	強調消費者與7-11共同品味城市中的美好事物，其中包括好咖啡。
「在城市的每個角落，都能找到7-11的好咖啡。」	強調7-11店面的普及性，讓消費者知道無論走到哪裡，都能找到好咖啡和便利店。

　　讀到這裡，你可能會覺得 ChatGPT 很神奇！其實，OpenAI 當初推出 ChatGPT 的目的，並不僅僅為了炫技！如今我們已經充分理解了 AI 的能耐，也知道它可以幫助人們更加理解和應用自然語言技術，解決世人在語言溝通和交流中所出現的各種問題。

　　ChatGPT 帶給產業界的利益顯而易見，好比：

- 提升效率：ChatGPT 是一個自動化的 AI 模型，能夠不斷運行並持續學習，能夠提供 24/7 的服務，能夠幫助企業節省人力成本和時間成本，為用戶提供更好

的服務體驗。

- **增進客戶滿意度**：ChatGPT 能夠快速、準確地回答用戶的問題，提供更好的服務體驗，能夠增進客戶滿意度和忠誠度。

- **促進溝通**：ChatGPT 能夠幫助人們更快地解決問題，減少溝通成本，提高溝通效率。

現在相信你已經可以得知：ChatGPT 的功能強大不容小覷！不但能應用於多種場景，還可以提供更好的服務體驗，幫助企業與個人增進效率，也可以提供智慧化的支援和協助。

---

⑤ 小辭典 / OpenAI 的濫觴

　　OpenAI（https://openai.com）是一個位於美國加州舊金山的人工智慧研究實驗室，由 OpenAI LP 與母公司（非營利組織）OpenAI Inc. 所組成，目的是促進和發展友好的人工智慧，使人類整體受益。OpenAI 的組織目標是透過與其他機構和研究者的自由合作，向公眾開放專利和研究成果。

　　OpenAI 於 2015 年 12 月 11 日，由來自全球人工智慧領域的一群知名人士創立，旨在以安全和合乎道德的方式開發先進的 AI 技術。創始團隊的成員來頭不小，

包括伊隆‧馬斯克（Elon Musk）、山姆‧奧特曼（Sam Altman）、格雷格‧布羅克曼（Greg Brockman）、伊利亞‧蘇茨克維爾（Ilya Sutskever）、約翰‧舒爾曼（John Schulman）和沃伊切赫‧扎倫巴（Wojciech Zaremba）。他們在人工智慧相關領域的集體專業知識和經驗，為 ChatGPT 的開發奠定了深厚的基礎。

多年來，OpenAI 為全球的人工智慧領域發展做出了重大貢獻，開發了一些迄今為止最先進、最複雜的人工智慧技術。他們還積極倡導負責任地開發人工智慧，推動提高相關領域的透明度和道德考量，可說是引領全球 AI 風潮的風雲企業。

OpenAI 早期的重點是開發尖端人工智慧技術，但很快人們就發現，他們的研究可能會產生深遠的影響。OpenAI 認識到 AI 有可能徹底改變行業和改變世界，但也有可能以有害方式使用 AI。

OpenAI 的執行長山姆‧奧特曼（Sam Altman）就曾表示，AI 將成為史上最強大的經濟賦權（Economic Empowerment），得以讓許多人翻身致富。在最好的情境之下，人們受益於 AI 的挹注，可能好到令人難以置信，讓大家都能夠享受最棒的生活；但是，假設不小心

出現了意外濫用的案例，也可能會導致最壞的情境發生，諸如世界末日可能降臨。

為了解決這些問題，OpenAI 積極致力於以安全和合乎道德的方式開發人工智慧技術。這也意味著實施嚴格的保障措施，以防止濫用相關的 AI 技術，並確保他們的研究可供更廣泛、安全的應用。

2023 年 3 月 14 日，OpenAI 正式宣布推出 GPT-4（https://openai.com/product/gpt-4）。他們使用微軟的 Azure 公用雲端服務平臺進行訓練，跟過去的版本相比，GPT-4 的規模更顯龐大。換句話說，這也意味著這款語言模型受過更多的資料訓練，且營運成本也更形昂貴。OpenAI 宣稱，GPT-4 在許多專業測試的表現已足可媲美人類（human-level performance）的表現。

OpenAI 已在 5 月 12 日以測試版方式推出網頁瀏覽和外掛功能（https://help.openai.com/en/articles/6825453-chatgpt-release-notes），並宣布將於隔週向所有 Plus 使用者釋出這些功能。

看到這裡，你是否已經迫不及待想要好好跟 ChatGPT 培養一下感情了呢？

第三節
Notion AI 簡介

　　你聽過或者用過 Notion（https://www.notion.so）嗎？眾所周知，Notion 是一個強大的跨平臺筆記軟體，在 2016 年時，由 Ivan Zhao、Simon Last 等人於美國加州舊金山市所創立。

　　根據《維基百科》的介紹（https://zh.wikipedia.org/zh-tw/Notion），Notion 是一款整合了筆記、知識庫、資料表格、看板與日曆等多種功能於一體的應用程式，它支援個人使用者單獨使用，也可以與他人進行跨平臺協同運作。截至 2021 年 10 月，Notion 的估值來到 103 億美元，在全球擁有超 2000 萬使用者，團隊規模為 180 人左右。

　　2022 年 11 月 16 日，Notion 公司的執行長 Ivan Zhao 於 Notion 的官方部落格正式對外介紹了 Notion AI（https://www.notion.so/blog/introducing-notion-ai）。有鑒於人工智慧的潛力呈指數級增長，他們試圖將人工智慧的力量帶入所有 Notion 用戶的工作區。

　　那麼，我們可以用 Notion AI 做什麼呢？ Ivan Zhao 指出，Notion AI 不但可以成為職場工作者的寫作小幫手，幫助大家寫作、集思廣益、編輯與總結等，更可以將 Notion AI 視為合作夥伴，讓它增強你的思維，同時幫助你節省時間或更明智地使用時間。

Notion AI

Notion 正式宣布結合 AI 人工智慧並推出 Notion AI 新功能，能夠讓所有戶藉由 AI 無限創意功能，在編寫筆記或寫作時能產生更多靈感和想法，同時能夠利用智慧修正、解釋和翻譯等功能，來強化筆記與創作。善用 Notion AI 人工智慧技術，不但可以提高重複性工作或筆記效率，還能以輕鬆方式快速上手。

　　以下是團隊和個人如何使用 Notion AI 的一些應用：

- **讓它處理初稿**：對很多人來說，下筆寫下第一個字詞，往往是最困難的。如果能讓 Notion AI 為你處理關於某個主題的初稿，並且為你提供一些想法，將可以讓你如虎添翼。

- **激發想法和創造力**：立即獲得靈感或有趣的想法。可以讓你更有創意，成為創作發想的起點。
- **作為你的鷹眼編輯**：無論翻譯、校對或文法檢查，Notion AI 可以從旁協助你，以確保寫作的品質。
- **總結一個冗長的會議或文件**：而不是篩選一堆亂七八糟的會議紀錄，讓 Notion AI 提取最重要的要點和行動項目。

就我自己這段期間實際的應用來看，Notion AI 可以説是我在寫作過程之前、期間和之後的神隊友。

它可以幫助內容產製者解除阻礙，專注於更有影響力的工作。它更可以在寫作中最艱難的時刻，為你節省時間。它雖然不能做所有事情，但卻可以幫助所有的用戶提高工作效率。Notion AI 持續迭代、改版，相信它的寫作品質會愈來愈棒！

Notion AI 自從 2023 年 2 月正式推出以來，就相當受到大家的歡迎。簡單來説，Notion AI 利用大規模的語言模型和數據收集，能幫助用戶自動整理筆記、改正錯別字、列出文章重點、翻譯、製作表格等。如果你的使用量不大，可以先使用免費方案，但如果你每個月的使用量超過了，就必須付費。

　　假如你是一位學生，使用 Notion 搭配 Notion AI 來整理、製作學習筆記可以提高準確性和易讀性；如果你是一個上班族，更可以透過 Notion AI 來從事職場寫作，好比快速地產出諸如商品企畫提案、會議紀錄、產品開發規格書大綱與活動行程……等多元的內容。

　　當你呼喚 Notion AI 之後，它自動提供了一些常用的使用場景，像是：

- 為你提供一些特定主題的點子
- 幫你寫部落格文章
- 幫你寫大綱
- 幫你寫社群文案、廣告文案
- 幫你寫講稿
- 幫你寫故事
- 幫你寫論文

Notion AI 除了可以幫你產出各種文章，甚至你還可以請它幫你分析一些知名作家的寫作風格。好比我就曾經好奇地輸入自己的姓名，請 Notion AI 試著幫我分析看看：

Add to 📄 繆思的空間 ⌄　　　　　　　　Share 💬 🕐 ☆ …

鄭緯筌的寫作風格分析

鄭緯筌是一位充滿活力的年輕作家，他的寫作風格獨具特色，深受廣大讀者的喜愛和追捧。以下將從詞語運用、句式結構、描寫手法等方面進行分析。

詞語運用

鄭緯筌的作品中，詞語的運用非常巧妙，充滿了詩意和哲思。他常常使用一些生動形象的詞語來描繪事物，使讀者能夠輕鬆地想象出場景和情感。同時，他還善於運用比喻、擬人等修辭手法，使文章更加生動有致。

句式結構

鄭緯筌的句子結構簡練明快，富有節奏感。他的作品中，常常出現短小精悍的句子，這種句式結構能夠有效地吸引讀者的注意力，讓讀者更加容易理解和記憶文章的內容。同時，他還善於運用復合句和長句，使文章的結構更加完整。

描寫手法

鄭緯筌的作品中，描寫手法非常出色，可以讓讀者感受到強烈的情感共鳴。他善於從細節入手，通過描繪小事來表達大情感，讓讀者在微小的事物中感受到生命的力量和意義。此外，他還會運用對比的手法，將不同的場景和情感對比出來，使文章更加有層次感。

綜上所述，鄭緯筌的寫作風格獨具特色，詞語運用巧妙、句式結構明快、描寫手法出色。他的作品充滿了生命的力量和哲思，深受廣大讀者的喜愛和追捧。

✦ Tell AI what to do next...　　　　　　　　⊕

⚠ AI responses can be inaccurate or misleading.　Learn more　　👍 👎

是的，Notion AI 就是這麼厲害！你只要選擇自己想要產出的內容，然後指定給 Notion AI 一個方向，它很快就可以幫你生成文章囉！如果你覺得它寫得太簡短了，或是寫得不夠好的話，都可以請 Notion AI 重新寫哦！

特別值得一提的是，Notion AI 的執行速度很快，寫出來的內容也可以以條列式或是表格化的方式來呈現，可說是大幅簡化了工作流程。

當然，Notion 並非坊間唯一內建人工智慧技術的 AI 寫作工具，最棒的是你可以有效整合筆記和寫作功能。最近，聽說印象筆記也推出了 AI 功能，不難想像未來大家所常見的各種筆記軟體，都會把 AI 功能整合進來了！

與其他的 AI 寫作工具相比，Notion 具有獨特且高度靈活的拖曳式文本編輯器，可以輕鬆地重新排列和轉換任何 AI 生成的內容。隨著時間的推移，不難想像未來 Notion AI 將能夠整合更多的功能，提升生產力！

針對大家所關注的個人隱私與資訊安全議題，Notion 明確表示會按照標準的數據保護慣例來為大家的數據進行加密和保密。此外，Notion 也宣稱不會偷偷採用使用者的數據來訓練模型，這一點可以放心。

Notion AI 的費用，請參考下表：

特色	Notion AI	Grammarly Premium	ChatGPT Plus	Jasper
月租費	10 美元	12 美元起	20 美元	49 美元起
增進寫作	✔	✔	✔	✔
撰寫初稿	✔		✔	✔
存取所有筆記、檔案和專案	✔	✔		
簡單的拖曳文本編輯器	✔			

第四節

Shopia 簡介

　　大家都知道，創作是一條無止盡的道路。在編寫高品質的內容與追求搜尋引擎優化（SEO）的過程中，每個人都需要一些幫助——無論是研究關鍵詞和主題、分析競爭對手，抑或是撰寫引人入勝的原創內容，都具有很高的難度。

　　所幸，現在有了 Shopia.ai（https://www.shopia.ai）這款基於 AI 的內容產製工具，可以幫助我們在短短幾秒鐘內編寫任何的內容。Shopia.ai 使用 OpenAI 旗下的 GPT-3（未來也會持續更新至 GPT-4 的版本）核心來編寫所有的內容，矢志為所有的用戶提供最自然和最高品質的內容產出結果。

　　除了廣大的創作者之外，Shopia.ai 也相當適合編輯、部落客、內容行銷人員與 SEO 專家使用。透過 Shopia.ai 的協助，可以輕鬆為你規畫內容產製的方向，並且分析每篇文章的 Google 搜尋結果，然後生成符合關鍵 SEO 指標的內容。

　　簡單來說，Shopia.ai 是一個由人工智慧驅動的文案寫作和 SEO 助手。換句話說，只要你給予明確的指示，很快就可

以生成產品描述、廣告文案、完整的部落格文章和各種有趣的想法。

　　Shopia.ai 在過去的一年裡，建立了一個由 1000 名作家和 SEO 專家所組成的社群，藉此推動 Shopia.ai 的發展。透過這款 AI 寫作工具，可以讓所有行銷團隊、自由工作者和代理機構的內容團隊生產力提高多達五倍。更重要的是，成本也正在大幅降低！

　　有句俗諺説：「萬事起頭難」，我們自然可以先請 Shopia.ai 幫忙規畫文章的大綱：

Shopia.ai 內建了八十多個寫作模板的長篇編輯器，能夠幫用戶迅速批次產生 2500 字以上的文章。如果你在寫作的時候缺乏靈感，自然也可以尋求它的協助。

這款 AI 寫作工具，不但可以協助你產製內容與從事 SEO，更可以迅速擴展你的業務。目前，Shopia.ai 支援包括英文、中文在內的 37 種語言，換句話說，用戶可以使用它所支援的任何一種語言進行讀寫和創作。

你只需添加或導入幾個關鍵細節，Shopia.ai 就會自動為你生成內容。

　　Shopia.ai 不但提供高品質的人工智慧寫作服務，它更可說是專門為 SEO 寫作而設計，對於那些想要針對搜尋引擎優化其內容的人們來說，它是一個絕佳的選擇。

　　好比我想寫一篇有關打造個人品牌的文章，Shopia.ai 還可幫我構思標題：

　　Shopia.ai 最值得稱道之處，自然是其先進的人工智慧技術，它允許用戶快速輕鬆地生成獨特且引人入勝的內容。此外，該網站直觀的使用介面和用戶友好的設計，也使得創建滿足任何目標受眾需求的高品質內容的這件事，變得格外地簡單。

　　此外，Shopia.ai 經驗豐富的作家和編輯團隊，得以確保該平臺上生成的所有內容都具有相當好的品質。該網站提供一系列服務，包括：部落格文章撰寫、產品簡介、廣告文案和社群媒體貼文等，足以滿足當今職場人士的相關需求。

好比如果我要幫一款最新的行動電源撰寫 Facebook 的
廣告文案，便可以先請 Shopia.ai 幫忙發想：

不同於 ChatGPT 只是一個對話式的推理引擎，像
Shopia.ai 這類的 AI 寫作工具更聚焦在解決社會大眾在職場
寫作範疇所遇到的各種問題。除了能夠快速產製內容和提供
SEO 建議之外，Shopia.ai 更能提供有關內容產製的一站式解
決方案。如果你對於 AI 寫作工具有明確的需求，我覺得可以
花點時間試試 Shopia.ai！

第五節

WordHero 簡介

　　對於一個專門教文案寫作與數位行銷的講師來說，我自然對 AI 寫作充滿了好奇。因此，從 2022 年秋天開始，我便嘗試了各式各樣的 AI 寫作軟體。大多數軟體我都先免費註冊，其中真正有付費使用的軟體，除了 Shopia.ai 和 Writecream 這兩款 AI 寫作工具之外，另一個付費的 AI 寫作工具就是 WordHero 了。

　　2021 年 7 月，來自新加坡的 Jeff Tay 創立了 WordHero（https://wordhero.co），這是一個可以幫助用戶快速輕鬆編寫內容的線上平臺。

　　該公司成立的初衷很簡單，就是希望可以幫助人們高效地交流他們的想法。如今搭上這波人工智慧的列車，WordHero 已然成為最流行的線上內容寫作工具之一，也幫助全球數百萬人與世界分享他們的想法。

　　簡單來說，WordHero 是一個方便的文章產製工具，可以幫助用戶為網站或部落格創建高品質的內容。WordHero

的操作很簡便，只要按幾個扭，就可以在短短幾分鐘內生成獨特的文章。

　　你可以先選擇一個主題或關鍵詞，然後 WordHero 就會根據相關資訊來產製內容或提供建議。你可以使用任何的素材或詞句來發想內容，如果你跟我一樣也是一位熱愛筆耕的文字工作者，甚至可以請它為新書構思幾個吸睛的標題：

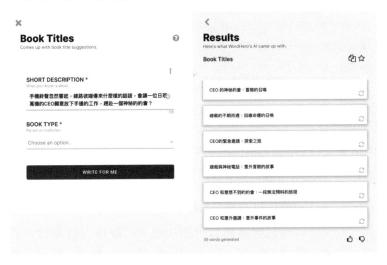

　　換言之，WordHero 是一個可以為你生成高品質內容的絕佳工具，也是職場上的好幫手。它不但簡單好用，還針對不同的寫作場景，提供了多達八十種以上的寫作輔助應用。

比方當你輸入一個特定的產品類別名稱時，WordHero 就可以幫忙構思一段產品評論。嗯，是不是很方便呢？

此外，WordHero 還內建了一個有用的剽竊檢查器，以確保你的寫作是獨一無二的。如果你需要為文章增加內容，WordHero 同樣也可以提供幫助。

WordHero 包含多種有用的功能，可說是內容創作者的好朋友，也是 AI 寫作工具之中的絕佳選擇。

舉例來說，我們也可以請它幫忙設計一道食譜：

整體而言，WordHero 可說是一個強大的 AI 寫作工具，可為你生成高品質的部落格文章、社群媒體貼文、電子郵件、廣告、銷售文案、產品描述與 SEO 建議……等內容。嗯，甚至連寫歌也難不倒它——你只需要提供一些線索，然後點選一下「Write for me」這個按鍵即可！

假如你有經營自媒體的話，也可以請 WordHero 幫忙構思部落格文章的大綱：

Song Lyrics ❓

Composes song lyrics for your new song.

SHORT DESCRIPTION *

What your song is about.

兩小無猜的愛情

113

TONE

Tone of voice you want the AI to write in. Optional.

異實

WRITE FOR ME

Results

Here's what WordHero's AI came up with.

Song Lyrics
兩小無猜的愛情

第 1 節
在我還是個孩子的時候遇到了我的愛人
顫抖的溫暖感覺我們確實出價了
然後我們互相傾訴
內心的歡笑、樂趣和歡樂
合唱
哦，這童年的愛是如此甜蜜和真實
年輕的心跳動 毫無疑問你知道
回憶依然明亮如白晝
童年的愛會一直存在x2
第 2 節
童年的日子已經一去不復返了
但與他們在一起的時刻永不消逝
我的心因最深情而珍藏
真正完美的青春回憶

合唱
哦，這童年的愛是如此甜蜜和真實
年輕的心跳動 毫無疑問你知道
回憶依然明亮如白晝
童年的愛會一直存在x2

116 words generated

Blog Outlines ❓

Generates an outline for a blog post.

TOPIC *

What your article is about.

為企業建立良好的品牌形象

183

WRITE FOR ME

Results

Here's what WordHero's AI came up with.

Blog Outlines
為企業建立良好的品牌形象

品牌形象的重要性

定義：什麼是品牌形象？

強化形象的步驟：

明確的使命宣言

優質產品/服務

積極的社交媒體

卓越的客戶服務

良好品牌形象的好處：

相較於 Shopia.ai 支援 37 種語言，WordHero 更是一口氣支援超過 100 種以上的國際語言。所以，它不但講中文也會通，還支援多種外語唷！

對了！如果你想要使用 WordHero，目前只有付費方案可以選擇（https://wordhero.co/#pricing）。它們提供月繳和年繳兩種方案可供選擇，分別是月付 49 美元與年付 348 美元。

我之前是從專門提供雲端軟體終生交易方案的 AppSumo 網站上頭購買 WordHero，只要付費一次（89 美元）就可以永久使用。截至本書截稿前，這個方案依舊可以使用，歡迎有興趣的讀者朋友可以連到 https://vista.im/wordhero 參考選購。

WordHero ▶
終生交易方案

第六節

Writecream 簡介

　　之前，我曾寫過一篇文章，提到可以在 30 分鐘之內寫好一篇一千多字的部落格文章（https://www.vistacheng.com/2022/01/how-to-write-faster.html）。

　　雖然我無意標榜寫作速度這件事，但我也不得不承認，如果可以縮短寫作的時間，的確可以把寶貴的時間拿去做更多有意義的事情。

　　如今有了 AI 寫作工具的協助，更可以讓我們提高工作效率了。以這款 AI 寫作工具 Writecream（https://www.writecream.com）來說，它就更厲害了，居然標榜在 3 秒內就可以幫你寫好一篇一千多字的文章！

　　身為一個寫作教練，我也知道對某些朋友來說，要寫一篇部落格文章可能有點困難：你不但需要先有一個想法，再據此規畫出一個大綱，最後還得詳細闡述你的觀點與想法。很多人寫篇文章動輒就要一兩個小時，如果此時有人（也許是一個機器人）能為你做這一切，是不是很棒呢？

⑤ Vista 寫作教室 / 文章要如何寫得又快又好？

　　我必須說，除了仰賴刻意練習之外，這自然是有方法和訣竅的。首先，我認為你可以先試著拆解自己撰寫文章的流程，看看是在哪些地方卡關？或者在哪個環節上頭，花了最多的時間？

　　就以撰寫部落格文章為例，我會把它拆解成許多的小任務，像是：尋覓主題、構思切入點、設定行動呼籲、搜集特色圖片、撰寫文章、排版上稿以及宣傳……等等。

　　同時，我也會預先設想：自己撰寫這篇文章的目的和動機為何，到底是要寫給誰看？以及內容所傳遞的價值與意義又是什麼呢？

　　然後，在構思或發想的階段並不需要急著打開電腦，更別一開始就拚命搜尋資料！建議你不妨先冷靜思考，思索一下究竟是哪些族群會對你所撰寫的文章感興趣？以及這篇文章可以帶給他們哪些幫助或好處？

　　所謂「謀定而後動」，建議你先花幾分鐘思考相關的細節，等想通之後再開始動筆，我想會更有效率哦！

　　以我自己的經驗來說，每次寫部落格文章的時候，大概只花費半個小時左右的時間，快的話甚至可以在

> 二十分鐘之內搞定！而且，當然在這半小時之內不是單
> 單撰寫文章而已，還包括尋找題材、找圖、修圖、上稿
> 和排版……
> 　　其實，除了熟能生巧的緣故之外，我之所以能夠那
> 麼快完成一篇文章，也並不是因為每次寫作時都文思泉
> 湧，而是因為長期寫作和大量閱讀的關係，讓我順利掌
> 握了一些方法和技巧。

　　Writecream 宣稱可以做到這一切。從腦力激盪開始到寫
出一篇沒有抄襲、剽竊疑慮的文章，Writecream 可以提供具
體的幫助！只需要點幾下，完成文章之後，還可以將其轉換為
其他型態的內容。

　　聽起來好像很神奇，現在就讓我來體驗一下吧！

　　Writecream 提供近數十種工具，像是：Email 個人化工
具、LinkedIn 個人化工具、圖片破冰、Blog Idea 與 Google
廣告工具等。看起來目不暇給，有興趣的話你可以好好選擇一
下自己需要的項目：

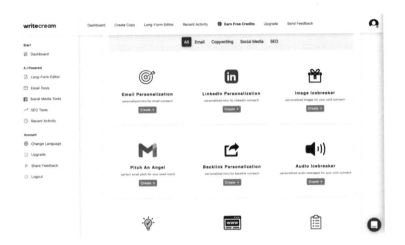

最吸引我關注的功能，自然是「Create Blog Ideas」了！操作介面很簡潔，只需要我輸入「Product/Brand Name」和「Product Description」即可。我以「Vista 寫作陪伴計畫」為例，看看它可以幫我產出什麼有趣的點子？

你可以看一下，Writecream 幫我構思了幾個為「Vista 寫作陪伴計畫」撰寫文章的點子：

Your Blog Ideas:

如何選擇寫作主題：關於如何選擇正確寫作主題的博客文章。

Click here to copy it:

使寫作更好的 10 種方法：關於使寫作更好的方法的博客文章。

Click here to copy it:

使寫作更輕鬆的 6 種方法：圍繞六種方法的博客文章，使您的寫作更輕鬆。

Click here to copy it:

如何解決寫作問題：有關如何解決寫作問題的博客文章。

Click here to copy it:

如何充分利用您的寫作伴侶計劃：關於如何充分利用寫作伴侶計劃的博客文章。

Click here to copy it:

陪伴的重要性：一篇關於書面陪伴重要性的博客文章。

Click here to copy it:

改善寫作的 30 種方法：一篇博客文章，涵蓋了提高寫作技巧的 30 種方法。

　　粗略看一下，雖然看得出來系統對中文的支援還不是很完善，但是持平來說，Writecream 幫我構思的某些點子，看在我這個寫作教練的眼裡，其實感覺還不賴呀！回想起我在寫作課上，也常跟學員們分享可以善用主標搭配副標的方式來下標，想想真有意思！電腦不但會選土豆，好像真的會寫文章啊！

　　光看這樣還不過癮，接下來我讓 Writecream 繼續幫我構思。因為篇幅有點長，我就不擷圖了，直接把 Writecream 產出的成果貼在下方，讓你參考：

Your Blog Ideas：

1. **寫作的力量**：為什麼寫作有助於建立您的個人品牌：一篇關於建立個人品牌的寫作力量的文章。

2. **關於如何寫的提示**（與公司使命相關的文章想法）。

3. **如何發布您的寫作**：有關如何發布您的寫作並閱讀的文章。

4. **最好的事情要說**，當你寫一篇文章。

5. **讓寫作變得有趣**：讓您開始愈來愈多地寫作的提示和技巧！

6. **寫作同伴的好處**：一篇文章，講述了一起寫作的好處。

7. **使寫作更好的 6 種方法**：使寫作更好的 6 種基本方法的文章。

8. **職場寫作的 10 種方法**：關於良好的寫作行銷策略的文章。

Your Blog Outline:

First Output:

1. 你應該加入 Vista 寫作陪伴計畫的原因。

2. 如何開始？

3. 你將體驗到什麼。

4. 包括什麼樣的主題？

5. 參加「Vista 寫作陪伴計畫」有什麼好處？

結論：要確定「Vista 寫作陪伴計畫」是否適合你，請先問自己要達到什麼目標？

Second Output:

1. 什麼是「Vista 寫作陪伴計畫」？

2. 為什麼寫作需要陪伴？

3. Vista 的寫作陪伴有什麼好處？

4. 「Vista 寫作陪伴計畫」涵蓋哪些主題？

5. 「Vista 寫作陪伴計畫」如何工作？

6. 「Vista 寫作陪伴計畫」是什麼樣的？

結論：關於如何加入「Vista 寫作陪伴計畫」的文章。

Third Output:

1. 為什麼寫作需要陪伴？

2. 寫作和閱讀有什麼區別？

3. 寫一本書需要多長時間？

4. 書和部落格文章有什麼區別？

5. 為什麼我必須有一個話題？

6. 為什麼我必須有一個方向？

7. Vista 陪伴計畫如何運作？

8. 寫作和發表的重點在哪？

9. 寫作和部落格有什麼關聯？

10. 線上寫作有哪些特色？

11. 如何找到一個寫作的同伴？

12. 如何建立寫作的學習計畫？

13. 如何使用「Vista 寫作陪伴計畫」？

14. 如何跟 Vista 討論寫作的進度？

15. 「Vista 寫作陪伴計畫」和寫作課有什麼區別？

16. 為什麼想練習寫作，需要先有一個主題和方向？

17.「Vista 寫作陪伴計畫」如何運作？

18. 對寫作來說，為什麼有一個學習計畫很重要？

結論：有人從旁指點，讓你的寫作功力大增。

Fourth Output:

1.　為什麼寫作需要陪伴？

2.　寫作成功的祕訣？

3.　如何設定寫作目標？

4.　如何設定書寫方向？

5.　如何設定寫作主題？

6.　如何設定寫作流程？

結論：寫得好，讓你的寫作閃閃發光！

嗯，我特別喜歡 Writecream 最後為我下的結論：

讓「Vista 寫作陪伴計畫」，幫助你的寫作閃閃發光！

其實，我們在擬定內容策略時，如果也能參考以上的架構，似乎也有助於寫出一篇四平八穩的文章。

Writecream 不只可以幫我們構思寫作的靈感，如果你正在創業，它也可以幫你寫出向天使投資人徵求投資的文案哦！

在此，讓我同樣以「Vista 寫作陪伴計畫」為例來說明。假設我要以這個專案來爭取天使投資人的投資意向，那麼該怎麼寫募資的文案呢？

Your Angel Pitch Emails:

1. 嗨，您好

我正在與您聯繫以尋求我的新創公司的支持。我正在研究一個有點不同的寫作服務。這是一個陪伴學員持續前進的寫作計畫，同時考慮到每個學習者的需求，所以這可以說是一個針對每個學習者需求量身定制的寫作服務。

我們所有的教練都是精心挑選的，他們每一位都是偉大的作家和內容創作者。我認為您肯定會非常喜歡該計畫，因為它可以幫助人們提升寫作效率，並更好地處理自己的工作！

我真的很高興聽到您對該計畫感興趣，並希望有空可以聚在一起多聊聊。

最好的問候，
Vista Cheng

2. 嗨，您好

我正在為貴公司提出一個建議，有關於本人創業的募資計畫。我是臺大的校友，曾有多年的工作經驗，最近投入創業，開設了一家專注於文章寫作教學服務的公司。

本公司專注於個人品牌、文案寫作、內容策略和內容行銷，主要的客群來自廣大的上班族。最近，我正在開發一個寫作服務，該服務可以幫助學員們學習如何把文章寫得很好。

我認為貴公司過往的投資經驗相當豐富，將可幫助我的創業計畫進入下一個階段。不知道您本週是否有空，方便可以打個電話給您嗎？

最好的問候，
Vista Cheng

3. 嗨，您好

我有一個劃時代的產品，希望快速投入市場進行驗證。所以，我想請您伸出援手，為我挹注資金與相關的資源。

在此，請容我先簡單地自我介紹：我是 Vista，也是您和貴公司的忠實粉絲，同時，我也密切關注臺灣相關領

域的一些新創企業。

最近，我開設了一家新創公司，同時也有一個充滿潛力的新產品，我希望您能撥冗看看。這個服務，就是「Vista 寫作陪伴計畫」。

顧名思義，「Vista 寫作陪伴計畫」的核心在於寫作跟陪伴。這是一項全新的服務，我認為這將改變傳統的寫作課程。

對於這項全新的服務，不知您下週是否有空？可以跟我喝杯咖啡嗎？我很樂意跟您報告相關的細節。

最好的問候，
Vista Cheng

4. 嗨，您好

請您伸出援手，因為我正在開發一個新的創業公司。這是一個線上的寫作陪伴計畫。我正在尋找一個人，可以來投資我的夢想和下一步的願景。

「Vista 寫作陪伴計畫」是一個手把手的寫作服務，可以幫助任何人提高他們的寫作技巧。該計畫旨在幫助客戶寫出吸睛的好文章，並且同步建立您的個人品牌或推展業務。

您若願意分享專業知識和經驗，將可幫助我們進入下一個階段。對了，不知本週是否方便打個電話跟您請益嗎？

最好的問候，

Vista Cheng

如果你之前曾經讀過我所撰寫的《內容感動行銷》這本書，想必對書中提到的「FAB 銷售法則」不陌生！

沒想到，Writecream 也可以幫我們寫出具體的產品特色與利益唷！不信嗎？讓我們來看看！

- 寫作是當今世界上您需要的最重要的技能。

- 寫作可以成為企業、學校和個人成功的強大工具。

- 在 Vista 寫作教練的協助下，您可以發展實現目標所需的技能。

- 寫作是成功的關鍵。

哇！我不得不說，Writecream 真的有掌握到「Vista 寫作陪伴計畫」的核心價值呀！

除了向天使投資人提案，Writecream 也可以幫我們整理出產品的價值主張。過往，我在對外講授內容行銷與社群行銷

的課程時，也常跟大家提到建構獨特價值主張的重要性。沒想到，這套 AI 寫作工具也能幫上忙！

Your Value Proposition:

· **寫作陪伴**：Vista 寫作教練所推出的「Vista 寫作陪伴計畫」，主要係根據個人學習者的需求量身定制。主題包括個人品牌、文案寫作、內容行銷和內容策略，讓您輕鬆學好寫作，還可以透過寫作發光發熱。

· **寫作陪伴**：「Vista 寫作陪伴計畫」是根據每個學習者的需求量身定制的。主題包括個人品牌、文案寫作、內容行銷和內容策略，讓您透過寫作站在正確的一方！

· **寫作需求陪伴**：「Vista 寫作陪伴計畫」根據每個學習者的需求量身定制，主題包括個人品牌推廣、文案寫作、內容行銷和內容策略。無論您是想找到自己的聲音，還是磨練自己的技能，寫作可以說是每個人都需要擁有的能力。

· **寫作陪伴**：「Vista 寫作陪伴計畫」根據每個學習者的需求量身定制。主題包括個人品牌、文案寫作、內容行銷和內容策略，讓您體驗寫作的樂趣與成就感！

除了上述的功能，Writecream 還能夠快速產製文章。只要透過四個步驟，就能幫我們寫出一篇有模有樣的文章了！

接下來，來看看我的示範吧！

　　最後，讓我們來看看 Writecream 寫的這篇「如何靠寫作賺錢」的文章吧！當然，在正式啟用這篇文章之前，我也花一些時間來潤飾、修改，讓它更具有可讀性：

誠然，這個世界上有許多不同的方法，可以讓您從寫作過程中賺到錢。也許您的腦筋動得快，可能立刻想到投稿或是寫一本書的方式……，但是我必須說，做這些事情其實都很耗時。所幸還有其他賺錢的方法不太耗時，例如：撰寫部落格。

在這篇文章中，我們將討論許多不同的方式來賺錢寫作；換句話說，也就是充分利用您的寫作技巧，加上如何找到資源的能力，幫您順利變現。

第 1 節：從寫作中賺錢的方法

從寫作賺錢的最好方法之一就是寫書。如果您想寫一本書，需要大量的努力和奉獻精神。

第 2 節：如何充分利用您的寫作

從寫作中賺錢的一種方法，也就是出售您的寫作服務，好比為報章雜誌或其他媒體撰稿。

但是，由於這些類型的出版物競爭激烈，對一般人來說，想寫好文章已經很難了，而對外出版或發表可就是難上加難了。增加曝光與變現機會的一種方法是為出版

物撰稿。例如，您可以為旅遊雜誌、女性雜誌或園藝雜誌供稿。

從寫作中賺錢的另一種方法是創建一個網站，人們可以從網站上購買您的作品或是打賞、贊助。有許多不同的方法可以從您的寫作中賺錢，但這些都是一些最受歡迎的方法。

第 3 節：如何查找資源

如果您想透過寫作賺錢，則必須找到合適的平臺。這似乎很困難，但如果您知道從哪裡開始，實際上很容易，最好是從 Google 開始。

很多人透過部落格從 Google 那邊開始賺錢。您也可以嘗試使用 Google 的 AdSense。從這裡開始，是一個好主意。請記住，您獲得的流量愈多，您將可以賺到更多的錢。您還可以使用聯盟行銷賺一點外快！是的，聯盟行銷可以說是從寫作中賺錢的好方法。

第 4 節：結論

如果您想從寫作中賺錢，首先您得在特定領域中擁有豐富的經驗和專業知識，除此之外，您還得擅長且熱衷寫作。為了透過寫作變現，您需要手腦並用並能夠快速寫作。這意味著您需要能夠保持專注和積極性。您可以參考相關的流程、步驟，開始踏上寫作變現的征程。

看完上頭的這幾個提案，你覺得有趣嗎？之前，我曾寫過一篇文章談如何快速產製內容：

思考內容價值→思考內容產製→善用通路發布

我建議你不要只是傻傻地寫，而是要先思考我們付出心力和時間成本所產製的內容，是否是大家所需要的？而這些內容，又能否帶來價值？

如今，有了類似 Writecream 這樣的 AI 寫作工具協助，相信你應該可以更有效率寫出各種有趣又有用的文章了吧！

Writecream 提供免費和付費方案，其中付費方案採取月租費的模式，三種方案分別是月付 29、49 與 69 美元。

我之前是從專門提供雲端軟體終生交易方案的 AppSumo 網站上頭購買，只要付費一次（59 美元）就可以永久使用。截至本書截稿前，這個方案依舊可以使用，歡迎有興趣的讀者朋友可以連到 https://vista.im/writecream 參考選購。

◀ Writecream
終生交易方案

🌀 Vista 寫作教室 / 關於 AI 寫作工具的二三事

看到這裡，不知道你的心情如何？是很開心有這麼多 AI 寫作工具可以幫上忙，還是難免會擔心諸如此類的 AI 寫作工具應運而生，以後會不會搶了我們的飯碗呢？

以我來看，未雨綢繆當然是好的，但似乎還不需要過分擔心。可想而知，人工智慧肯定比我們擅長那些寫作套路、模板和公式，但是人際之間的溫度與情懷，可能不是這些 AI 寫作工具在短期之內能夠趕上的⋯⋯

換句話説，我們應該學會的是善用 AI 寫作工具，而不被它們所奴役。無論是從寫作教練的角度觀之，或是以曾經開發過一些網站、軟體和 App 的產品經理的角度來看，我必須説：包括 ChatGPT、Notion AI、Shopia.ai、WordHero 乃至於 Writecream 這幾款 AI 寫作工具，都超乎了我原本的預期和想像。

説來莞爾，我接觸這些 AI 寫作工具的時間還不到一年，但如今我已經很習慣與它們為伍。雖然我不會把所有的寫作任務都外包給它們，但我也必須承認，像是 ChatGPT、Shopia.ai、WordHero 等 AI 寫作工具，已經成為不可或缺的小幫手囉！

　　嗯，看完了以上的介紹，不知道是否讓你對這類的 AI 寫作工具大大改觀呢？持平來說，這些標榜有人工智慧加持的 AI 寫作工具也都各擅勝場。

　　如果你感興趣的話，歡迎現在就先申請免費帳號試試！倘若試用滿意的話，可以再按照自己的需求來選擇付費方案。當然，我也很歡迎你寫信跟我交流使用這些 AI 寫作工具的心得，我很樂意跟你分享與交流哦！

寫點什麼吧！

第三章

擁抱 ChatGPT 的正確姿勢

第一節

ChatGPT 是一個行動引擎

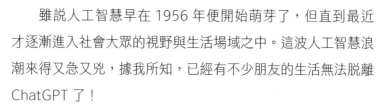

　　雖說人工智慧早在 1956 年便開始萌芽了，但直到最近才逐漸進入社會大眾的視野與生活場域之中。這波人工智慧浪潮來得又急又兇，據我所知，已經有不少朋友的生活無法脫離 ChatGPT 了！

　　不 但 媒 體 每 天 報 導 OpenAI、Google、 百 度 與 Facebook 等人工智慧大廠的相關動態，還有一群職場人士每天依賴它來處理辦公室的事務，進而提高工作效率。最近，我也發現有些小學生或中學生開始靠 ChatGPT 來解悶，甚至請它幫忙指點課業。

　　乍看之下，感覺 ChatGPT 已經深入民間，成為我們每個人的好朋友了！但如果現在要大家解釋 ChatGPT 的發展沿革跟技術原理，我想這個部分可能還是有點難度。

　　畢竟對大部分的朋友來說，人工智慧的領域的確太過專業，很難用三言兩語來形容。所以，說不出個所以然來，其實是很正常的！

　　根據《維基百科》的介紹，ChatGPT（Chat Generative Pre-trained Transformer）是 OpenAI 於 2022 年 11 月所推出的人工智慧聊天機器人。該程式使用基於 GPT-3.5 架構的大型語言模型並以強化學習訓練。

　　回顧 ChatGPT 的發展史，我們不難得知：這款基於大型語言模型的人工智慧聊天機器人，主要係以文字方式與人類進行互動。除了可以用自然對話方式來進行問答，還可以應用於比較複雜的語言工作，包括：自動生成文字、自動問答與自動摘要等多種任務。

　　舉例來說，ChatGPT 除了可以回應各種問題之外，還能夠根據人們所輸入的文字自動生成類似的文字（好比：詩詞創作、歌曲譜寫、文案撰寫或活動企畫等）。此外，ChatGPT 還有編寫和偵錯電腦程式的能力。

　　更厲害的是 ChatGPT 不只能夠針對各種光怪陸離的問題提供答案，還可以寫出相似於真人口吻的文章，並在許多專業領域提供詳細且清晰的回答，顯見人工智慧領域擁有無窮的發展潛力。

　　ChatGPT 的崛起，自然也引發很多專業人士的關注，事實證明人工智慧除了能打敗圍棋冠軍和通過律師資格考之外，同樣也足以勝任多種的知識型工作。

　　當然，ChatGPT 本身並非搜尋引擎，準確度不足可説是它的重大缺陷。近來，有許多專家、學者也紛紛提出警告，針對這種基於意識形態的模型訓練結果，往往需要格外小心校正。

　　綜觀 ChatGPT 的發展，自從 2022 年 11 月發布以來，母公司 OpenAI 的市場估值便已迅速飛漲至 290 億美元。ChatGPT 上線 5 天之後，使用者已突破 100 萬大關，更厲害的是上線剛屆滿兩個月，全球已有上億使用者。

　　相較之下，抖音推出九個月後才達到 1 億名用戶，另外一款年輕朋友愛用的社群媒體 Instagram，更費時兩年半才達到這個里程碑。

　　簡單來説，ChatGPT 的成功關鍵與生成型預訓練變換模型（GPT）息息相關。運用基於人類回饋的監督學習和強化學習微調，讓 ChatGPT 得以在 GPT-3.5 的基礎上發揚光大！目前，ChatGPT 免費對外開放，而 GPT-4 則僅供申購 ChatGPT Plus 的付費會員使用。

　　根據美國史丹佛大學的研究發現，GPT-3 已經可以解決 70% 的心智理論任務，相當於 7 歲兒童；至於 GPT-3.5（ChatGPT 的同源模型），更是解決了 93% 的任務，心智相當於 9 歲兒童。當然，這並不意味著 ChatGPT 就有真正的心

智。對一般的社會大眾來說，我們當然可以把這個話題當成茶餘飯後的閒聊，但是與其探究 ChatGPT 本身是否真的擁有心智能力，也許我們更需要好好思考，可以如何有效運用它？

有關這個問題，Not Boring Capital 的創辦人派奇‧麥考米克（Packy McCormick），顯然有相當深刻且精闢的觀察。他每週發送兩次《Not Boring》電子報，主要內容涉及商業策略與流行文化，最近也談論到人工智慧的相關話題。

麥考米克在「Attention is All You Need」（https://www.notboring.co/p/attention-is-all-you-need）這封電子報之中，提到 ChatGPT 的商業發展潛能：

在短短不到一年的時間裡，OpenAI 就從一家原本低調且不確定如何變現的公司，變成了科技史上最具發展潛力的商業新星，其商業模式也占據了最具潛力的戰略主導地位。

注意力不但是當下人們最稀缺且珍貴的資源，也是 OpenAI 得以勝出的關鍵。如果 OpenAI 選擇占據大家的注意力，它可以透過建立行動引擎（Action Engine）來成為頂級聚合者（Apex Aggregator）。

行動引擎的核心，包含搜尋以及可讓用戶透過使用介面任意問答，更重要的是只需要透過一些簡單的提示，就可以讓用戶迅速找到答案。

換句話說，如果未來類似 ChatGPT 這樣的聚合者，可以控制人們的需求與商品化的供應，就可以控制多方的需求，將注意力轉化為行動，進而產生巨大的商機。如此一來，將會讓蘋果、Google 和 Facebook 等科技巨擘的商業模式相形見絀，也會翻轉整個世界的商業邏輯。

以 Google 為例，它吸引了最多的搜尋注意力（全球有高達 93% 的搜尋，都是透過 Google 進行的）。仔細想想，每天有數十億人造訪 Google，明確告訴他們正在尋找什麼？所以，這也讓 Google 找到一個吸睛又吸金的商業模式，得以把搜尋結果頁（SERP）的廣告版位以競價方式提供給廣告商。

自 Google 創立以來，這無疑是一種有效的流量變現模式。Google 固然可以向大眾展示它想呈現的任何網站，也可以在搜尋結果頁的頂部展示網站摘要，但它的工作仍然是把人們傳送到對方的網站。

而 ChatGPT 則不然，它會先瀏覽網際網路大部分的可用內容，並在聊天中針對任何提問給出完整但未必正確的答案。所以，它不僅僅只是一個求知的起點，還是用戶可能希望在線上可以完成愈來愈多的事情的目的地。

看到這裡，相信你已經對 ChatGPT 有更深入的認識，也能夠了解 ChatGPT 為何不應歸類於傳統的搜尋引擎，而比較

類似於行動引擎或是答案引擎了！接下來，讓我們來比較一下，看看 ChatGPT 和 Google 搜尋引擎有哪些不同之處？

　　首先，ChatGPT 是一種基於自然語言處理和深度學習技術的人工智慧模型，擁有自然語言生成、問答、對話與文本生成等多種功能，可以對自然語言進行高度的理解和處理。ChatGPT 的主要應用場景，像是對話機器人、智慧客服與文本編輯等範疇。

　　至於 Google 搜尋引擎，則是一種基於搜尋演算法和資訊檢索技術的工具，透過關鍵詞檢索，將網際網路上的資訊進行搜尋和排列，提供給用戶相關的資訊。Google 的主要應用場景，聚焦在資訊檢索、廣告推薦與商業搜尋等範疇。

　　透過以下這個表格的整理，可以幫助你更清楚地辨別 ChatGPT 和 Google 搜尋引擎之間的差異和特點：

	ChatGPT	Google
應用領域	自然語言生成、問答、對話與文本生成等。	資訊檢索、廣告推薦、商業搜尋等。
主要功能	自然語言處理。	搜尋算法、資訊檢索技術。
知識庫	能夠運用各類知識庫和資料庫。	擁有龐大的資料庫和知識庫。
搜尋類型	不適用。	提供多種搜尋類型,如圖片、影片、新聞等。
邏輯推理	缺乏邏輯推理能力。	能夠進行簡單的邏輯判斷。
語言表達	擅長複雜語言表達。	對於語言表達的理解較為有限。
情境理解	擅長情境理解和應對。	對於複雜情境的理解能力較弱。
資訊整合	透過API接口進行整合。	不適用。
個性化推薦	能夠根據使用者歷史紀錄進行推薦。	能夠根據搜尋歷史和地理位置等資訊,進行個性化推薦。

第二節

ChatGPT 的優勢與侷限

　　在前面的章節中，我為大家介紹了 ChatGPT 的發展沿革以及相關特色。相信你讀到這裡，想必已經掌握了 ChatGPT 的特色，也知道它適用於以下幾個應用領域：

1. **自然語言生成和編輯**：ChatGPT 的自然語言生成和編輯能力非常強大。例如智慧文本編輯器、寫作助手等寫作工具和輔助程式，都可以奠基於 ChatGPT 的自然語言生成和編輯能力來進行開發。

2. **情境理解和應對**：ChatGPT 擅長進行對話、問答等操作，並且可以根據上下文的脈絡來進行理解和應對。例如在虛擬助手、聊天機器人等應用場景之中，使用 ChatGPT 可以實現更自然的對話體驗。

3. **文本摘要和生成**：ChatGPT 能夠生成文本摘要、故事、詩歌等不同類型的文本，並且能夠生成與上下文脈絡相關的自然語言文本。好比在新聞自動摘要、自

動寫作等應用場景之中，可以使用 ChatGPT 來生成文章、新聞報導等。

總之，ChatGPT 的應用領域非常廣泛，特別是在需要進行自然語言生成、對話、文本摘要和生成、情境理解和應對等範疇，都具有一定的優勢。話說回來，這也是傳統搜尋引擎比較不擅長的部分。

這波以 ChatGPT 為首的人工智慧浪潮，將會給世人帶來哪些衝擊與影響？ 2010 年諾貝爾經濟學獎得主克里斯多夫‧安東尼歐烏‧皮薩里德斯（Christopher Antoniou Pissarides），日前發表了他的看法。

目前在英國的倫敦政治經濟學院任教的克里斯多夫‧安東尼歐烏‧皮薩里德斯教授，他主要的研究領域為勞動經濟學，以其對勞動力市場和宏觀經濟間的搜尋與匹配理論的研究而知名。他先前受訪時曾公開表示，ChatGPT 革命能夠幫助人類提高生產力，讓人們每週工作四天的美夢得以成真。

在這段訪談之中，他不但淡化了技術快速發展可能造成大規模失業的擔憂，更認同全球勞動力市場將能夠迅速適應人工智慧的崛起，進而享受資訊科技帶來的便捷。

有關 ChatGPT 的優勢與侷限，請參考下表：

優勢	説明
自然語言理解和生成能力強。	ChatGPT 擅長處理自然語言的生成和理解，能夠進行文本生成和編輯。
情境理解和應對能力強。	ChatGPT 能夠在人機對話中進行情境理解和應對，實現更自然的對話。
可以用於多種應用場景。	ChatGPT 可以應用於智慧客服、智慧家居、自然語言翻譯與 AI 寫作等多種場景。
可以進行個性化推薦。	ChatGPT 可以根據用戶歷史紀錄進行個性化推薦，提高使用者體驗。

侷限	説明
在複雜情境的理解能力較弱。	ChatGPT 在面對複雜的情境和問題時，理解能力有限。
知識和資訊匱乏。	ChatGPT 的回答依賴於已經學習到的知識，對於新的問題需要重新學習。
可能產生偏見和錯誤。	ChatGPT 可能受到訓練數據的限制，產生偏見和錯誤。

總而言之，ChatGPT 具有強大的自然語言理解和生成能力、情境理解和應對能力、可以進行個性化推薦等優勢。但相對來說，在複雜情境的理解能力較弱、知識和資訊匱乏、可能產生偏見和錯誤等方面也有其侷限。

此外，如果你有圖片搜尋、地圖搜尋與導航等需求，建議還是直接使用 Google 搜尋引擎比較合適。

之前，我曾經在 Forbes 網站上讀到一篇名為「The Best Examples Of What You Can Do With ChatGPT」的文章（https://www.forbes.com/sites/bernardmarr/2023/03/01/the-best-examples-of-what-you-can-do-with-chatgpt/），文章中談到大家可以運用 ChatGPT 做什麼？

這位作者伯納德‧瑪爾（Bernard Marr）所提到的幾個面向都滿不錯的，大家也可以參考。像是：

- 產生想法和進行腦力激盪。
- 獲取個性化的建議。
- 了解複雜的資訊。
- 請 ChatGPT 擔任寫作助理。
- 總結書籍重點與報告、研究。
- 獲取程式設計的撰寫與除錯建議。
- 翻譯外語內容。

- 幫忙出考題，建立多重選擇題。

- 獲得有關旅遊建議的協助。

- 分析某篇小説、文章的情緒和語氣。

- 查詢各種資料。

- 奠基在自己的資料庫上訓練 ChatGPT。

- 提供求職與面試的協助。

- 創作歌曲或為你寫首詩。

既然我們都已經知道，ChatGPT 是一個人工智慧的聊天機器人，所以怎麼跟它對話就很重要了！我曾經在多場的講座中提過，過去很多朋友習慣使用關鍵字的思維來搜尋資訊，其實只要輸入的關鍵字不要偏差太多，多半都會歪打正著！然而，現在已經進入了人工智慧時代，當我們需要與聊天機器人對話的時候，光是輸入關鍵字可能還不夠，我們自然需要提供更多的問題脈絡和參考資訊。

換句話說，提問本身就是一個學問。大家都知道溝通、表達很重要，但是如果以往比較沒有這方面的需求，也許我們不太會關注如何精準提問！但是，當我們進入人工智慧時代之後，學會如何精準提問及溝通、表達，就很重要了！有關如何有效提問，我也會在後續的章節繼續為你解説。

第三節

ChatGPT 的應用場景

　　ChatGPT 可說是「十八般武藝，樣樣精通」，它不但能寫詩、說笑話、幫忙檢查程式邏輯和計算數學問題，更可以應用於多種不同的行業與場景之中。以下是一些 ChatGPT 可能的應用場景和適用的行業，像是：

・　聊天機器人

　　ChatGPT 可以被用來創建聊天機器人（Chatbot），這些機器人能夠實現智慧對話並提供各種支援服務，好比客服、售後服務、行銷和推廣等。這些應用場景在製造、零售、金融與醫療等不同行業中，都有廣泛的應用。

　　舉例來說，銀行可以使用 ChatGPT 來創建智慧客服機器人，來回答大量客戶的問題、提供帳戶資訊以及幫助客戶處理金融交易等服務。

• 智慧助手

　　ChatGPT 還可以用於創建智慧助手（Intelligent Assistant），如虛擬人物、智慧家居等。這些智慧助手能夠與用戶進行對話和互動，提供各種服務和支持，好比約會提醒、天氣預報與家居控制等。

　　以智慧家庭的範疇來說，像是家居設備的製造商，就可以使用 ChatGPT 來創建智慧家居助手（Smart Home Assistant），幫助用戶管理家庭設備、控制家庭環境、安全和照明等。

• 文本生成和自動摘要

　　ChatGPT 可以用於生成文本和自動生成文章摘要，這種應用場景在新聞、媒體和出版等行業中有廣泛的應用。例如，各大媒體可以使用 ChatGPT 來發布新聞或產生外電摘要和標題，並將其用於編輯和發布文章。出版商可以使用 ChatGPT 來協助產製新書的簡介、目錄和大綱，進而提高出版流程的生產效率。

• 自然語言理解和處理

　　ChatGPT 還可以用於自然語言理解和處理，如文本分

類、資訊提取和情感分析等。這種應用場景在金融、醫療與保
險等行業中都有廣泛的應用。

　　舉例來說，醫院、診所等醫療機構可以使用 ChatGPT 來
分析醫療紀錄、判斷病情和提供診斷建議。而保險公司或金控
機構，則可以使用 ChatGPT 來自動處理理賠申請、評估索賠
金額和提供客戶服務。

　　整體而言，ChatGPT 在許多行業都有廣泛的應用前景，
它的應用範圍還在不斷擴大和完善。隨著 ChatGPT 技術不斷
發展，我們相信它將會在愈來愈多的領域中發揮重要的作用。

　　很多職場人士，都開始希望借助人工智慧的力量。那麼，
企業界可以如何運用 ChatGPT 呢？以下是按照部門職能劃分
的一些應用案例：

部門職能	應用案例
研發	1. 生成研究報告和摘要。 2. 從科學數據中分析並獲取見解。 3. 自動化實驗設計和數據收集。 4. 生成專利描述和要求。 5. 為最終用戶生成技術文檔。

部門職能	應用案例
行政	1. 摘要會議報告和決策備忘錄。 2. 建立自動化行政流程和管理。 3. 生成工作指南和標準操作流程。 4. 為行政人員和團隊創建培訓材料和資源。 5. 建立辦公室維護和維修表單。
財務	1. 生成財務報告和預算。 2. 自動化會計和帳單處理。 3. 為財務人員和客戶創建報告和摘要。 4. 為客戶提供自動化資產和投資組合管理。 5. 為客戶產製財務報告和投資分析指南。
客服	1. 自動化客戶開發和服務。 2. 為客戶服務創建客服腳本和回覆流程。 3. 自動化客戶問題跟進和解決。 4. 為客戶服務創建培訓材料和資源。 5. 自動化客戶滿意度調查和回饋。
企畫	1. 為專案產生計畫和進度報告。 2. 自動化專案協調和管理。 3. 為團隊和專案創建培訓材料和資源。 4. 自動化問題跟進和解決。 5. 為專案創建風險評估和管理計畫。

部門職能	應用案例
品管	1. 為產品創建故障排除指南和修復策略。 2. 為產品測試創建測試計畫和撰寫測試報告。 3. 從客戶回饋數據中分析並獲取見解。 4. 自動化產品審核和品質檢查。 5. 為客戶生成使用說明書和指南。
行銷	1. 為各個通路設計個性化廣告文案。 2. 為電子郵件創建引人入勝的主題和正文內容。 3. 自動化社群媒體對話，提供個性化客戶服務。 4. 為潛在客戶和客戶服務創建聊天機器人。 5. 為電子商務網站產生產品描述和銷售頁面內容。
銷售	1. 自動化客戶開發和銷售。 2. 為銷售提案和推銷創建個性化內容。 3. 自動化銷售跟進和推銷。 4. 為引導培育創建個性化和相關的電子郵件內容。 5. 為銷售代表創建銷售腳本。
營運	1. 為內部溝通材料（例如報告和備忘錄）生成內容。 2. 自動化客戶服務和支持，減少回應時間和成本。 3. 為員工產生標準作業程序（SOP）和其他培訓內容。 4. 分析並從客戶回饋數據中獲得見解。 5. 自動化重複性任務，例如數據輸入和報告。

部門職能	應用案例
研發	1. 生成程式碼檔案和註解。 2. 自動化程式碼審查並檢測潛在漏洞。 3. 生成測試案例和測試數據。 4. 從日誌數據中分析並獲取見解。 5. 為客戶生成技術文件。
法務	1. 生成法律合同和文件。 2. 自動化法律研究和分析。 3. 從客戶回饋數據中分析並獲取見解。 4. 生成風險評估與監管合規性報告。 5. 自動化進行客戶合約審查和分析。
人力資源	1. 為招聘員工準備面試指南與相關素材。 2. 自動化簡歷篩選和面試預約。 3. 為員工創建培訓材料和資源。 4. 自動化員工薪酬和福利管理。 5. 為員工創建績效評估和獎勵計畫。
採購	1. 自動化採購流程和管理。 2. 為供應商創建合同和協議。 3. 自動化供應商評估和監控。 4. 為最終用戶生成採購指南和建議。 5. 創建供應商的選擇和評估標準。

第四節
為 ChatGPT 設計有效的提問

以往我們在使用 Google、百度或 Bing 等搜尋引擎時，大多數人總會輸入一些關鍵字來查詢。如今，當你想要與 ChatGPT 進行對話時，該怎麼提問呢？

以下是一些提問指南，可以幫助你設計出更為有效的問題：

1. **擬定清晰而具體的問題**：讓你的問題明確而且得以聚焦，以便 ChatGPT 更容易理解你的需求。

2. **避免問題過於簡單或太過複雜**：ChatGPT 是一個擁有強大能力的人工智慧語言模型，但是當你問的問題過於簡單或過於複雜時，ChatGPT 可能無法給出一個適當的答案。請避免在問題中使用過於複雜的專業術語或過於抽象的概念，這樣可以提高 ChatGPT 回答問題的成功率。

3. **確定你的問題是明確的**：避免含糊不清的問題，讓 ChatGPT 能夠準確理解你的意圖。

4. **給出足夠的背景資訊**：確保你的問題附帶足夠的上下文脈絡，以便 ChatGPT 能夠理解你的問題。

5. **避免問題涉及到個人隱私或具有敏感性質**：ChatGPT 是一個公共服務，所以請不要向它提問涉及個人隱私或其他敏感問題。

6. **避免在問題中使用褻瀆、仇恨、挑釁、謾罵等不適當的用語**：ChatGPT 會拒絕回答帶有不良言語的問題，也不會鼓勵使用這些用語。

7. **使用淺顯易懂的語言和詞彙**：ChatGPT 會使用自然語言來回答你的問題，使用簡單的詞彙、正確的語法和標點符號，能夠幫助 ChatGPT 更好地理解你的問題。

8. **避免重複的問題**：在與 ChatGPT 的對話中，避免重複相同的問題，可以節省你和 ChatGPT 的時間和精力。

9. **確保你的問題是在 ChatGPT 能夠回答的範圍內**：ChatGPT 是基於過去的文本資料訓練而成的，因此，它只能回答與訓練資料相關的問題。如果你的問題與 ChatGPT 的訓練資料無關，那麼 ChatGPT 可能無法回答你的問題。

10. **避免長篇大論的問題**：ChatGPT 在回答問題時，會在一定的字數限制內回答。因此，請避免過長的問題，以便 ChatGPT 能夠更快速地回答你的問題。

11. **在問題中使用關鍵詞**：ChatGPT 可以透過識別問題中的關鍵詞或專業術語，更細緻且深入地理解你的問題，並且回答更精確的答案。

12. **詢問開放式問題**：開放式問題通常會引導 ChatGPT 提供更多資訊，而不是以簡單的「是」或「否」來回答。如此一來，可以幫助你更深入地了解你的問題。

13. **提問前檢查語法和標點符號**：ChatGPT 需要明確的問題才能提供準確的答案，因此，請在提問之前檢查拼寫、語法和標點符號，以確保你的問題易於理解。

14. **請以開放心態提問**：ChatGPT 可以回答各種類型的問題，所以請保持開放心態，提問各種不同類型的問題，以獲得更豐富的資訊。

15. **確定你的問題是真正需要 ChatGPT 回答的**：ChatGPT 能夠回答很多問題，但不是所有問題都需要 ChatGPT 回答，或者使用 Google 搜尋更合適。請確保你的問題合宜，可以幫助你節省時間和 ChatGPT 的計算資源。

16. **確定你的問題是合理的**：確保你的問題是有意義和合理的，並且是可以回答的問題，這樣可以幫助 ChatGPT 更快速、更好地理解你的需求，並且回答更有價值的答案。

17. **確定你的問題是與 ChatGPT 的能力相符的**：ChatGPT 是一個強大的人工智慧的語言模型，但是它仍然有限制和缺陷。請確定你的問題是與 ChatGPT 的能力相符的，這樣可以提高 ChatGPT 回答問題的成功率。

18. **提示 ChatGPT 繼續回應**：倘若 ChatGPT 的回答突然中斷，主要是回覆字數有上限，請打「go on」讓它繼續回答即可。

19. **確保你的問題是客觀的**：請確保你的問題不帶有個人情感或偏見，這樣可以讓 ChatGPT 回答更加客觀，並提供更為準確的答案。

20. **尊重 ChatGPT**：ChatGPT 雖然不是真人，但請保有一定的尊重，不要虐待它或使用不雅字眼來進行對話。ChatGPT 的回答也許不是完美的，但是請尊重它的回答。

針對如何設計有效的提問，我請 ChatGPT 幫忙總結一下
建議：

- 確定你的問題是清晰、具體和明確的，避免問題過
  於簡單或複雜。

- 提供足夠的背景資訊和上下文脈絡，避免涉及個人
  隱私和敏感問題。

- 使用簡單的語言和詞彙，避免使用褻瀆、仇恨、挑
  釁、謾罵等不適當用語。

- 在問題中使用關鍵詞，避免問題重複出現和複雜度
  過高。

- 確保你的問題是客觀、具體和有實際意義的，尊重
  ChatGPT。

- 避免使用太過抽象或模糊的詞彙，使用正確的語法
  和標點符號。

- 詢問開放式問題，確定你的問題是 ChatGPT 有能力
  可以回答的，也要避免問題過於抽象。

整體而言，有效的提問可以幫助 ChatGPT 更理解你的需
求，進而提供更加準確和有價值的答案。換句話說，如果你想
跟 ChatGPT 打交道的話，我會建議你先思考自己想要得到的

答案，然後再限縮範圍，讓它有一個架構可以慢慢去聚焦……

　　當然，如果能夠整理出一個提問框架，可以幫助你更清晰地表達問題，從而使 ChatGPT 能夠更好地理解你的需求，進而提供更好的回答。

　　簡單來說，提問框架是指一種結構化的方式，用來制定問題和回答問題。透過使用一個明確的提問框架，可以讓你更有效地與 ChatGPT 溝通，使對話更具結構性，更有意義。

　　一個好的提問框架，應該包含以下的要素：

- 　主題：明確指出你想要討論的主題或問題。
- 　背景：提供有關主題的背景資訊，讓 ChatGPT 更全面地了解你的問題。
- 　問題：用簡單明瞭的方式提問。
- 　細節：提供任何有關問題的其他細節或背景，以便 ChatGPT 更完整地回答你的問題。

　　使用提問框架的好處是可以幫助你釐清方向和整理重點，讓 ChatGPT 更容易理解你的問題，並提供更有建設性的答案。此外，充分運用提問框架還可以節省時間，可以讓 ChatGPT 更快速地進入狀況，並提供更符合需求的回答。

　　整體而言，明確表達你的目標和需求，是精準提問的首要之務，問題要盡量具體、明確，並且能夠專注於一個主題或方

向。如此一來，方能讓 ChatGPT 更加地理解你需要什麼樣的回答。

　　身為一位在許多企業、公部門和大學院校教文案寫作與數位行銷的講師，時常會有學員在下課時跑來問我很多的問題，其中有一大部分的問題都跟職場寫作與行銷息息相關。然而不同於坊間許多課程或書籍會側重於「提問咒語」的教學，我更期待本書的讀者們可以學會提問技巧、建構知識體系與框架。

　　我很清楚，透過一個理想的提問框架的協助，可以幫助大家更妥善地準備和表達問題，同時，也能夠讓 ChatGPT 提供更完整且具有建設性的回答。所以，我特別針對文案寫作與數位行銷的範疇，設計了一套「VISTA 提問法」。

- V – Visualize（想像願景）：在此步驟中，你需要想像出你想要達成的目標和願景，以便為你的提問建立一個明確的方向和目標。
- I – Identify（確定問題）：在此步驟中，你需要確定問題或挑戰的具體描述，以及所需要的解決方案所需的更多資訊。
- S – Strategize（制定策略）：在此步驟中，你需要制定一個具體的解決策略，以應對你所確定和確定的問題或挑戰。

- T – Test（測試策略）：在此步驟中，你需要測試你制定的策略，以確保它可以有效地解決你所確定的問題或挑戰。

- A – Act（執行計畫）：在此步驟中，你需要執行你制定的計畫，並監控其有效性和可行性。

那麼，我們可以如何運用「VISTA 提問法」呢？接下來，我以發想商品文案這個場景應用來跟大家做說明。

現在，讓我們來角色扮演一下！假設你是星巴克的行銷人員，因應夏季即將來到，主管要求你為「濃巧克力風味咖啡星冰樂」這款飲品撰寫商品文案，那麼可以怎麼做呢？

首先，你可以援引「VISTA 提問法」，針對以下問題與

ChatGPT 進行問答互動：

- 你的咖啡文案，是否能夠清晰地傳達星巴克的品牌價值和特點？

- 你需要確定哪些品牌價值和特點是最重要的，並且需要在文案中特別強調？

- 你應該如何編寫文案，以有效地傳達星巴克的品牌價值和特點？

- 如何測試你的文案，是否能夠有效地傳達星巴克的品牌價值和特點？

- 如何實施你的文案策略，並監控其有效性和可行性？

當你使用「VISTA 提問法」來發想星巴克的「濃巧克力風味咖啡星冰樂」文案時，可以按照以下步驟來進行：

- Visualize：想像一下你要為「濃巧克力風味咖啡星冰樂」編寫的文案，需要達成什麼目標和願景？你想要突出的是什麼特色，吸引哪些潛在的目標受眾？

- Identify：確定問題或挑戰的具體描述。例如，如何在眾多星巴克冰飲中突出「濃巧克力風味咖啡星冰樂」的獨特性和吸引力？需要哪些資訊來了解目標受眾的需求和喜好？

- Strategize：制定一個具體的解決策略。例如，可以將「濃巧克力風味咖啡星冰樂」描述為一款兼具咖啡和巧克力風味的冰飲，並強調其濃郁的風味和令人愉悅的口感。可以透過呈現獨特的配料和飲品製作過程，來突出產品的品質和品牌形象。

- Test：測試你所制定的策略，以確保它可以有效地解決你所確定的問題或挑戰。例如，可以透過測試不同版本的商品文案和廣告宣傳素材，來驗證產品文案的吸引力和有效性。

- Act：執行你制定的計畫，並監控其有效性和可行性。在撰寫產品文案時，可以注意以下要點：突出產品的獨特性和優勢、強調口感和品質、用生動的語言描述飲品製作過程、利用引人注目的圖片和色彩來吸引顧客。

總之，「VISTA 提問法」是一個可以運用在數位行銷範疇的提問框架，可以幫助你在發想文案時，建立明確的目標和方向，確定問題和挑戰，制定解決策略，測試和執行計畫，並監控其有效性和可行性。

以撰寫「濃巧克力風味咖啡星冰樂」的商品文案為例，我們不但可以注重突出產品獨特性、品質和口感，更能夠運用生

動的語言描述製作過程，利用繽紛的圖片和色彩來吸引顧客。

接下來，我請 ChatGPT 按照這樣的思路撰寫一篇星巴克的「濃巧克力風味咖啡星冰樂」文案，提供給你做參考！

> 在炎熱的夏天，品嚐一杯口感豐富的「濃巧克力風味咖啡星冰樂」，可以讓你瞬間感受到無比的清涼、暢快！
>
> 這是一款兼具咖啡和巧克力風味的冰飲，「濃巧克力風味咖啡星冰樂」以其獨特的配方和精湛的製作工藝，讓你在夏日炎炎中感受到充滿層次感的口感和濃郁風味。
>
> 炎炎夏日，讓我們一起品味濃郁的巧克力風味和香醇的咖啡香氣。星巴克精選最優質的咖啡豆和巧克力醬，以及特別設計的製作過程，讓每一杯「濃巧克力風味咖啡星冰樂」，都是一種獨特的體驗。
>
> 現在，你可以在星巴克店內，品嚐這款口感豐富、風味獨特的「濃巧克力風味咖啡星冰樂」。每一口，都是一種美妙的味覺旅程，帶給你不一樣的感受。現在，就和朋友、家人一起享受這款美味冰飲，感受星巴克的獨特氛圍吧！

⑤ Vista 寫作教室 / 提問指令大全

關於如何向 ChatGPT 提問，你還是缺乏一些靈感嗎？沒問題，以下是我為你準備的提問指令大全，提供給你做參考：

提問指令	功能描述
請問你能幫我做什麼？	用戶查詢 ChatGPT 的功能
你能介紹一下自己嗎？	ChatGPT 介紹自己的特點和優勢
你能提供什麼樣的服務？	用戶查詢 ChatGPT 可以提供的服務
請問你對 XX 的看法是什麼？	用戶查詢 ChatGPT 對某個話題的看法和觀點
你能幫我找到 XX 的客服方案嗎？	用戶請求 ChatGPT 提供解決問題的方案
我該如何解決 XX 問題？	用戶查詢 ChatGPT 對某個問題的解決方案
你能給我提供一些 XX 的投資建議嗎？	用戶請求 ChatGPT 提供某個公司的投資建議
請問我在開發 XX 時需要注意什麼？	用戶請求 ChatGPT 提供開發某個產品時需要注意的事項
你能幫我做一些 XX 的背景研究嗎？	用戶請求 ChatGPT 進行相關的背景研究和分析

提問指令	功能描述
你能告訴我一些 XX 的背景嗎？	用戶請求 ChatGPT 提供某個話題的相關背景知識
請問這個產品的詳細規格是什麼？	用戶請求 ChatGPT 提供產品的詳細功能規格資訊
你能幫我找一些 XX 領域的相關資料嗎？	用戶請求 ChatGPT 查找某個領域的相關資料
你能為我解釋一下 XX 的意思嗎？	用戶查詢 ChatGPT 某個詞語或縮寫的含義和解釋
你能幫我預測一下 X X 的未來趨勢嗎？	用戶請求 ChatGPT 分析和預測未來的趨勢
你能告訴我一些關於 XX 的趣聞嗎？	用戶請求 ChatGPT 提供某個話題的趣聞和小故事
請問你有哪些推薦的書籍或電影？	用戶請求 ChatGPT 推薦相關的書籍或電影
請問你對 XX 的了解有多少？	用戶詢問 ChatGPT 對某個話題的熟悉程度
你能幫我查詢一下 XX 的價格嗎？	用戶請求 ChatGPT 查詢某個商品或服務的價格
請問你對 XX 公司的印象如何？	用戶查詢 ChatGPT 對某個公司的印象和評價

提問指令	功能描述
你能告訴我一些關於 XX 的故事嗎？	用戶請求 ChatGPT 提供某個話題的相關故事和傳說
請問你能幫我分析一下 XX 市場的趨勢嗎？	用戶請求 ChatGPT 分析市場趨勢
你能為我提供一些 XX 的教學資源嗎？	用戶請求 ChatGPT 提供相關的教學資源和學習材料
請問你能幫我分析一下 XX 的優缺點嗎？	用戶請求 ChatGPT 分析某個產品或服務的優缺點
你能告訴我一些關於 XX 的成就嗎？	用戶請求 ChatGPT 提供某個人物或組織的成就和功績
請問你對 XX 的看法有什麼不同？	用戶詢問 ChatGPT 對某個話題的不同觀點和看法
你能為我提供一些 XX 的報告嗎？	用戶請求 ChatGPT 提供某個議題的相關報告和分析
請問你對 XX 的商業模式有什麼看法？	用戶詢問 ChatGPT 對某個商業模式的可行性和未來發展趨勢
你能幫我查詢一下 XX 的評價嗎？	用戶請求 ChatGPT 查詢某個商品或服務的評價
你能告訴我一些 XX 的運作原理嗎？	用戶詢問 ChatGPT 某個產品或技術的運作原理

提問指令	功能描述
你能為我提供一些 XX 的用途嗎？	用戶請求 ChatGPT 提供某個產品或技術的應用場景
請問你能幫我找到一些與 XX 相關的研究報告嗎？	用戶請求 ChatGPT 提供某個話題的相關研究報告
你能幫我解釋一下 XX 的賣點嗎？	用戶詢問 ChatGPT 某個產品或技術的賣點和優勢
請問你能為我分析一下 XX 的市場佔有率嗎？	用戶請求 ChatGPT 分析某個產品或服務的市場佔有率
你能幫我找到一些 XX 產業的案例嗎？	用戶請求 ChatGPT 提供某個產業的相關案例
請問你對 XX 的未來發展有什麼預測？	用戶詢問 ChatGPT 對某個話題的未來發展趨勢和預測
你能告訴我一些 XX 的使用技巧嗎？	用戶請求 ChatGPT 提供某個產品或技術的使用技巧
請問你對 XX 的市場前景有什麼看法？	用戶詢問 ChatGPT 對某個產品或服務的市場前景
你能幫我找到一些 XX 的網站嗎？	用戶請求 ChatGPT 提供某個領域的相關網站和資源
請問你對 XX 的可行性有什麼看法？	用戶詢問 ChatGPT 對某個項目的可行性

提問指令	功能描述
你能幫我找到一些關於 XX 的新聞嗎？	用戶請求 ChatGPT 提供某個主題的相關新聞和報導
請問你對 XX 的風險有什麼看法？	用戶詢問 ChatGPT 對某個專案或產品的風險和問題
請問你可以幫我整理 XX 書的重點？	用戶詢問 ChatGPT 某本書的重點
你能幫我找到一些 XX 的教學影片嗎？	用戶請求 ChatGPT 提供某個產品或技術的教學影片
請問你對 XX 的未來趨勢有什麼預測？	用戶詢問 ChatGPT 對某個領域的未來趨勢和發展方向
你能告訴我一些 XX 的熱門問題嗎？	用戶請求 ChatGPT 提供某個時事的熱門問題和解答
請問你對 XX 的競爭對手有什麼了解？	用戶詢問 ChatGPT 對某個產品或公司的競爭對手和情況
你能為我提供一些 XX 的案例分析嗎？	用戶請求 ChatGPT 提供某個產品或技術的案例分析
請問你對 XX 的技術水準有什麼看法？	用戶詢問 ChatGPT 對某個技術或領域的發展水準和趨勢
你能幫我找到一些 XX 的論文嗎？	用戶請求 ChatGPT 提供某個領域的相關學術論文

提問指令	功能描述
請問你對 XX 的安全性有什麼看法？	用戶詢問 ChatGPT 對某個產品或技術的安全性和風險
你能幫我找到一些 XX 的教育資源嗎？	用戶請求 ChatGPT 提供某個領域的相關教育資源
請問你對 XX 的可持續性有什麼看法？	用戶詢問 ChatGPT 對某個產品或公司的可持續性和發展
你能告訴我一些 XX 的法規嗎？	用戶請求 ChatGPT 提供某個產品或技術的法規
請問你 XX 法規對 OO 產品的影響有多大？	用戶詢問 ChatGPT 某個法規對特定產品或技術的影響力和重要性
你能幫我找到一些 XX 的實驗室嗎？	用戶請求 ChatGPT 提供某個領域的相關實驗室和機構
請問你對 XX 的可行性研究有什麼結論？	用戶詢問 ChatGPT 對某個產品或服務的可行性研究結果
你能告訴我一些 XX 的最新發展嗎？	用戶請求 ChatGPT 提供某個領域的最新進展和發展趨勢
請問你對 XX 的社會責任有什麼看法？	用戶詢問 ChatGPT 對某個產品或公司的社會責任和行為
你能幫我找到一些 XX 的研究機構嗎？	用戶請求 ChatGPT 提供某個領域的相關研究機構和網站

提問指令	功能描述
請問你對 XX 的專利狀況有什麼了解？	用戶詢問 ChatGPT 某個產品或技術的專利狀況和情況
你能告訴我一些 XX 的成長策略嗎？	用戶請求 ChatGPT 提供某個產品的成長策略
請問你對 XX 的企業社會責任有什麼看法？	用戶詢問 ChatGPT 對某個行業或公司的企業社會責任
你能幫我找到一些 XX 的投資機會嗎？	用戶請求 ChatGPT 提供某個領域的相關投資機會和資訊
請問你對 XX 的市場需求有什麼了解？	用戶詢問 ChatGPT 某個產品或服務的市場需求和趨勢
你能告訴我一些 XX 的發展歷史嗎？	用戶請求 ChatGPT 提供某個領域或產品的發展歷史和背景
請問你對 XX 的經濟效益有什麼看法？	用戶詢問 ChatGPT 對某個產品或項目的經濟效益和投資報酬率
你能幫我找到一些 XX 的工作機會嗎？	用戶請求 ChatGPT 提供某個領域的相關工作和職缺資訊
請問你對 XX 的政策法規有什麼看法？	用戶詢問 ChatGPT 對某個領域或產品的政策法規和相關的影響
你能告訴我一些 XX 的培訓課程嗎？	用戶請求 ChatGPT 提供某個領域的相關培訓和課程資訊

提問指令	功能描述
請問你對 XX 的人才需求有什麼了解？	用戶詢問 ChatGPT 某個行業或公司的人才需求和趨勢
你能幫我找到一些 XX 的展會活動嗎？	用戶請求 ChatGPT 提供某個領域的相關展會和活動資訊
請問你對 XX 的創新能力有什麼看法？	用戶詢問 ChatGPT 某個公司或產品的創新能力和創新方向
你能告訴我一些 XX 的市場定位嗎？	用戶請求 ChatGPT 某個產品或公司的市場定位和品牌定位
請問你對 XX 的 ESG 政策有什麼看法？	用戶詢問 ChatGPT 某個公司的企業永續經營
你能幫我找到一些 XX 的發布會資訊嗎？	用戶請求 ChatGPT 提供某個領域的相關發布會和新聞資訊
請問你對 XX 的利潤率有什麼了解？	用戶詢問 ChatGPT 某個產品或行業的利潤率和經濟效益
你能告訴我一些 XX 的合作夥伴嗎？	用戶請求 ChatGPT 提供某個產品或公司的合作夥伴和關係
請問你對 XX 的網站流量有什麼了解？	用戶詢問 ChatGPT 某個網站的流量和同業的競爭情況
你能幫我找到一些 XX 的技術發明嗎？	用戶請求 ChatGPT 提供某個領域的相關技術發明和創新

提問指令	功能描述
請問你對 XX 的定價策略有什麼看法？	用戶詢問 ChatGPT 某個產品或公司的價格策略和定價模式
你能告訴我一些 XX 的獲獎情況嗎？	用戶請求 ChatGPT 提供某個產品或公司的相關獲獎情況
請問你對 XX 的產品設計有什麼看法？	用戶詢問 ChatGPT 某個產品或公司的產品設計和創新方向
你能幫我找到一些 XX 的公司資訊嗎？	用戶請求 ChatGPT 提供某個公司的相關資訊和業務介紹
請問你對 XX 的行業標準有什麼了解？	用戶詢問 ChatGPT 某個行業或技術的標準和發展趨勢
你能告訴我一些 XX 的科學研究嗎？	用戶請求 ChatGPT 提供某個領域的相關科學研究和論文
請問你對 XX 的市場規模有什麼看法？	用戶詢問 ChatGPT 某個產品或行業的市場規模和發展趨勢
你能幫我找到一些 XX 的社群資源嗎？	用戶請求 ChatGPT 提供某個領域的相關社群資源和資訊
請問你對 XX 的品質控制有什麼看法？	用戶詢問 ChatGPT 某個產品或公司的品質控制和保障措施
請問你對 XX 網站的 SEO 成效有什麼看法？	用戶詢問 ChatGPT 對某個網站的 SEO 表現的瞭解

提問指令	功能描述
你能告訴我一些 XX 的品牌形象嗎？	用戶詢問 ChatGPT 某個產品或公司的品牌形象和品牌建設
請問你對 XX 的使用效果有什麼看法？	用戶詢問 ChatGPT 某個產品或服務的使用效果和評價
你能幫我找到一些 XX 的研究成果嗎？	用戶請求 ChatGPT 提供某個領域的相關研究成果和論文
請問你對 XX 的市場定位有什麼看法？	用戶詢問 ChatGPT 某個產品或公司的市場定位和市場策略
你能告訴我一些 XX 的購買指南嗎？	用戶請求 ChatGPT 提供某個產品或服務的購買指南和建議
請問你對 XX 的用途和功能有什麼了解？	用戶詢問 ChatGPT 某個產品或服務的用途和功能特點
你能幫我找到一些 XX 的產品評價嗎？	用戶請求 ChatGPT 提供某個產品或服務的評價和評測資訊
請問你對 XX 的未來發展前景有什麼看法？	用戶詢問 ChatGPT 某個產品或行業的未來發展前景和趨勢
你能告訴我一些 XX 的市場競爭對手嗎？	用戶請求 ChatGPT 提供某個產品或公司的市場競爭對手分析
請問你對 XX 的售後服務有什麼看法？	用戶詢問 ChatGPT 某個產品或公司的售後服務和客戶關係管理

提問指令	功能描述
你能幫我找到一些 XX 的開發者社群嗎？	用戶請求 ChatGPT 提供某個領域的相關開發者社群和平臺
請問你對 XX 的安全性和隱私保護有什麼看法？	用戶詢問 ChatGPT 某個產品或服務的安全性和隱私保護措施
你能告訴我一些 XX 的教育培訓資源嗎？	用戶請求 ChatGPT 提供某個領域的相關教育培訓資源和課程
請問你對 XX 的市場分析有什麼看法？	用戶詢問 ChatGPT 某個產品或行業的市場分析和趨勢
你能幫我找到一些 XX 的應用案例嗎？	用戶請求 ChatGPT 提供某個技術或產品的相關應用案例
請問你可以設計 XX 的客戶服務規範？	用戶請求 ChatGPT 為某個公司設計客戶服務流程的相關規範
你能告訴我一些 XX 的投資機會嗎？	用戶請求 ChatGPT 提供某個領域或公司的相關投資機會和風險
請問你對 XX 的市場需求有什麼看法？	用戶詢問 ChatGPT 某個產品或行業的市場需求和消費趨勢
你能幫我找到一些 XX 的優惠促銷嗎？	用戶請求 ChatGPT 提供某個產品或服務的優惠促銷資訊
請問你對 XX 的市場萎縮原因有什麼看法？	用戶詢問 ChatGPT 某個行業或產品市場萎縮的原因和影響

提問指令	功能描述
你能告訴我一些 XX 的企業文化嗎？	用戶請求 ChatGPT 某個公司或品牌的企業文化和價值觀
請問你對 XX 的技術發展趨勢有什麼看法？	用戶詢問 ChatGPT 某個技術或領域的發展趨勢和前景
你能幫我找到一些 XX 的營運策略嗎？	用戶請求 ChatGPT 某個公司或產品的行銷和營運策略
請問你對 XX 的產品特點有什麼看法？	用戶詢問 ChatGPT 某個產品或服務的產品特點和優勢
你能告訴我一些 XX 的產品介紹嗎？	用戶請求 ChatGPT 提供某個產品或服務的詳細介紹和功能
請問你對 XX 的人才培育有什麼看法？	用戶詢問 ChatGPT 某個公司或行業的人才培育和人力資源發展
你能幫我找到一些 XX 的法律政策嗎？	用戶請求 ChatGPT 提供某個行業或領域的相關法律和政策資訊
請問你對 XX 的未來技術有什麼看法？	用戶詢問 ChatGPT 某個技術或行業的未來技術發展趨勢和影響
你能告訴我一些 XX 的訓練課程嗎？	用戶請求 ChatGPT 提供某個領域的相關訓練課程和資源
請問你對 XX 的投資風險有什麼看法？	用戶詢問 ChatGPT 某個產品或公司的投資風險和回報

提問指令	功能描述
你能幫我找到一些 XX 的行業報告嗎？	用戶請求 ChatGPT 提供某個行業或市場的相關報告和分析
請問你對 XX 的企業形象有什麼看法？	用戶詢問 ChatGPT 某個公司或品牌的企業形象和公眾評價
你能告訴我一些 XX 的投資方向嗎？	用戶請求 ChatGPT 提供某個行業或產品的相關投資方向和策略
請問你對 XX 的競爭優勢有什麼看法？	用戶詢問 ChatGPT 某個公司或產品的競爭優勢和差異化
你能告訴我一些 XX 的市場行銷策略嗎？	用戶請求 ChatGPT 提供某個產品或公司的市場行銷策略和執行
請問你對 XX 的技術架構有什麼了解？	用戶詢問 ChatGPT 某個產品或系統的技術架構和設計
你能幫我找到一些 XX 的實際應用案例嗎？	用戶請求 ChatGPT 提供某個技術或產品的實際應用案例
請問你對 XX 的行業發展趨勢有什麼看法？	用戶詢問 ChatGPT 某個行業或市場的發展趨勢和前景
你能告訴我一些 XX 的產品詳細參數嗎？	用戶請求 ChatGPT 提供某個產品或服務的詳細參數和技術指標
請問你對 XX 的產品設計有什麼看法？	用戶詢問 ChatGPT 某個產品或服務的產品設計和用戶體驗

提問指令	功能描述
你能幫我找到一些 XX 的行業協會嗎？	用戶請求 ChatGPT 提供某個行業或領域的相關協會和組織
請問你對 XX 的環境保護政策有什麼看法？	用戶詢問 ChatGPT 某個公司或行業的環境保護政策和實踐
你能告訴我一些 XX 的行業趨勢嗎？	用戶請求 ChatGPT 提供某個行業或市場的趨勢和分析
請問你對 XX 的市場規模有什麼看法？	用戶詢問 ChatGPT 某個產品或行業的市場規模和份額
你能幫我找到一些 XX 的開放源碼專案嗎？	用戶請求 ChatGPT 提供某個技術或產品的開放源碼專案和社群
請問你對 XX 的產品試用體驗有什麼看法？	用戶詢問 ChatGPT 某個產品或服務的試用體驗和意見
你能告訴我一些 XX 的專業用語嗎？	用戶請求 ChatGPT 提供某個領域的專業術語和詞彙
請問你對 XX 的安全漏洞有什麼看法？	用戶詢問 ChatGPT 某個產品或系統的安全漏洞和風險
你能幫我找到一些 XX 的技術規範嗎？	用戶請求 ChatGPT 提供某個技術或領域的相關技術規範和標準
請問你對 XX 的用戶社群生態有什麼看法？	用戶詢問 ChatGPT 某個技術或產品的用戶社群生態和貢獻度

提問指令	功能描述
你能告訴我一些 XX 的技術方案嗎？	用戶請求 ChatGPT 提供某個產品或系統的技術方案和架構
請問你對 XX 的使用效果有什麼看法？	用戶詢問 ChatGPT 某個產品或服務的使用效果和評價
你能幫我找到一些 XX 的人才招聘嗎？	用戶請求 ChatGPT 提供某個公司或行業的人才招聘資訊和需求
請問你可以幫我設計 XX 公司的成長飛輪？	用戶詢問 ChatGPT 如何設計某個公司的成長飛輪
你能告訴我一些 XX 的目標受眾與用戶輪廓嗎？	用戶請求 ChatGPT 提供某個產品或服務的目標受眾和用戶輪廓
請問你對 XX 的公司治理有什麼看法？	用戶詢問 ChatGPT 某個公司或品牌的公司治理和企業社會責任

第五節

使用 ChatGPT 的注意事項

　　根據 OpenAI 官網的說法，ChatGPT 的發明旨在解決自然語言處理領域中的挑戰和問題，包括文本生成、自然語言理解和人機對話等。此外，ChatGPT 也可提供更加智慧、更加自然的人機互動方式，為用戶提供更好的互動體驗和更加智慧化的服務。

　　ChatGPT 特別適合於那些需要與電腦系統進行即時對話和互動的用戶，如智慧客服、智慧助手、自然語言生成和文本摘要等。對於那些需要與計算機系統進行互動和處理自然語言數據的應用，ChatGPT 可能是一種非常有用和有效的技術。

　　當你開始使用 ChatGPT 來搜集資料或進行寫作時，有些遊戲規則必須先理解：

- ChatGPT 是一個自然語言的處理系統，它雖然看起來很聰明，但並不是完全智慧化的，可能會出現誤解、不準確或不完整的回答。用戶需要自行對 ChatGPT 的回答進行判斷和驗證，避免依賴

ChatGPT 的回答而導致不良後果。

• ChatGPT 是一個基於預訓練和微調技術的模型，需要大量的訓練數據來提高其性能和效果。因此，對於一些特定的應用場景，可能需要對 ChatGPT 進行特定的微調和優化，以適應特定的任務和應用。

• 由於 ChatGPT 會從語料庫中調用大量資訊給予回饋，因此很有可能會出現不當言論或內容，或是「牛頭不對馬嘴」的現象。換句話說，用戶需要對其使用進行謹慎和負責任，避免利用 ChatGPT 傳播不當的資訊和內容。

• 確定你的問題或主題非常清晰，不會被誤解。ChatGPT 可以生成相當精確的答案，但它不會了解你的問題所在的背景或上下文脈絡。換句話說，如果你的問題不夠明確，ChatGPT 可能會產生不正確的答案。

• 請盡量使用合適的詞彙來提問。ChatGPT 廣泛地學習了許多詞彙和片語，但它不會知道在特定情況下應該使用哪些詞彙？為了避免產生模糊或不恰當的答案，提問時請使用明確且具體的詞彙來發問，也可透過多輪對話來限縮問題。

- 請確保你的問題或主題的範圍適中。ChatGPT 在生成答案時會參考許多文本，但它可能無法處理非常廣泛或非常具體的問題。如果你的問題太過簡單或過於複雜，ChatGPT 可能無法提供有用的答案。

- 當 ChatGPT 回答你的問題後，請仔細檢查答案。請務必再三確認 ChatGPT 所提供的答案是正確的，特別是當它需要專業知識佐證的時候。話說回來，儘管 ChatGPT 可以幫我們生成許多答案，但並不保證它們都是正確的。

- 如果使用 ChatGPT 來輔助寫作，請確定你的寫作風格清晰明確。ChatGPT 固然可以迅速產生大量的文字，但有時它可能會產生不同的風格和語氣。請確保你的寫作風格和語保持一致，並透過進行必要的編輯和修改來使其更加完整和精確。

- 請不要使用 ChatGPT 來作弊。ChatGPT 雖然是一個非常有用的工具，但它不應該用來代替你自己的思考和工作。特別是如果你正在進行學術寫作或進行考試，請務必確保你的作品是原創的，而不是使用 ChatGPT 生成的答案。

　　執臺灣學術牛耳的國立臺灣大學，該校的教發中心在 2023 年 3 月 13 日公布「臺大針對生成式 AI 工具之教學因應措施」（https://www.dlc.ntu.edu.tw/ai-tools/），將 ChatGPT 視為教學優化的契機，鼓勵教學更著重課程知識之實踐，而非單純的內容轉述，並藉此提高學習的層次，由知識的學習提升到知識的創造。

　　國立臺灣大學採取正面看待與善加利用的態度，值得肯定。該校鼓勵教師們可以將 ChatGPT 等生成式人工智慧工具視為精進教學的契機，因應新工具發展適時調整課堂，設計出更能反映課程獨特性、且更符合課程目標之教學內容及學習評量；同時，也建議學生們應該瞭解人工智慧工具之使用限制，學習如何利用這些工具來輔助未來的學習。

　　除了上述的注意事項，我們在跟 ChatGPT 這個人工智慧聊天機器人提問的時候，又該牢記哪些原則呢？

- **保護個人隱私**：注意資安議題，保護用戶的個人隱私。同時，請勿將公司的機密或敏感資訊任意上傳，以免造成洩密事件。
- **資料保密**：用戶不應該分享任何可能洩漏模型訓練數據的資訊。
- **確保準確性**：用戶需要確保提問能夠幫助 ChatGPT

理解問題，以獲得更加準確的答案。

- **確認操作範圍**：用戶需確認提問的問題在 ChatGPT 的範圍內，以獲得更加準確的答案。

- **確保邏輯連貫**：用戶需要確保提問的問題與先前的對話內容相關，以獲得更加連貫的對話內容。

- **不可盡信答案**：用戶應理性思考，不宜直接採用 ChatGPT 的回答，最好透過多次提問、查閱資料庫和其他途徑進行答案的驗證。

- **不要濫用 ChatGPT**：使用者不得藉此進行垃圾郵件、詐騙或騷擾等行為。

- **不要干擾 ChatGPT 的訓練**：使用者不應該嘗試干擾或更改訓練數據，以免對模型的正常運作產生負面影響。

- **避免對話中的歧視和不當言論**：用戶需要避免在對話中使用歧視性、攻擊性或不當的言論，以免對其他用戶和 ChatGPT 造成傷害或困擾。

- **避免提問敏感問題**：用戶應該避免在對話中提問敏感話題，例如：政治、宗教或種族等問題。

- **確保正確的問題格式**：用戶需要確保提問的問題簡潔明瞭且格式清晰，以便 ChatGPT 迅速理解問題。

- 適當地使用 ChatGPT：最後，用戶需要適當地使用
  ChatGPT，並遵守相關的規定和條款，以確保對話內
  容的品質和安全性。

第四章
借力 ChatGPT 進行職場寫作

第一節
商品文案

　　我在 2022 年 10 月出版的《文案力就是你的鈔能力》中，曾為大家詳細解說文案寫作的技巧。其實，寫作的道理說穿了，或許也沒有那麼難，可以用「起承轉合」來含括。然而，這四個字也許足以涵蓋寫作的流程，但問題是對大多數的朋友來說，光是思考如何審題、立意、選材、安排段落和組織成文，恐怕就會感到呼吸不順、頭皮發麻了！

　　所以，以往我在教文案寫作的時候，就會把這些看起來有點兒繁瑣、複雜的流程，簡化成以下四個好用的寫作邏輯，藉此幫大家掌握寫作的全貌：

第一個邏輯：觀察

　　知名作家吳念真曾經說過：「也許你不善言辭，但一定要打開觀察力、拿出同理心，必能產生共鳴。」其實，任何型態的內容創作都是從觀察開始，寫作自然也不例外。我也時常推薦寫作課的學員們，可以經常去逛逛百貨公司、大賣場或是便

利商店，去觀察那些營運步調快的廠商，都是用哪些招式來吸引消費大眾的眼球和荷包？

坊間雖然有一大堆的寫作書籍或課程，但我覺得，與其特別注重寫作技巧的鑽研，倒不如先從觀察人事時地物的變化開始做起！唯有充分掌握目標受眾的需求與感受，才有可能寫出一篇讓人有感的好文案。

誠然，觀察易學難精，並不是一門簡單的學問；話說回來，也唯有深入洞察，對於事物的真實脈絡有一定程度的認識與了解，我們才有辦法清晰地溝通、表達，甚至大方分享自己的觀點。

所以，寫作的時候請別急著動筆或上網找資料，不妨先好好觀察周遭環境與場景，除了清楚地構思寫作主題，也可以試著從不同角度來理解目標受眾的輪廓。

第二個邏輯：描述

近年來因為授課的關係，我不但看過很多人所寫的文章，也曾幫某些學生批改作業，我赫然發現有些朋友在寫作的時候，容易流於記流水帳的窠臼。同樣是描述一件事情，厲害的作家總能寫出新意或傳達出不同的韻味，這也是我們需要學習的地方。

其實，寫作時最重要的事情，並非交代場景，而是要多花些心思在細節的描述上，具體對讀者說出自己內心的感受。舉例來說，如果你想寫一篇食記，光是提供背景資訊還不夠，更應該清楚地說明你為什麼造訪這家餐廳？又是其中的哪一道餐點觸動了自己，讓你想寫下美好的體驗？以及讀者為何需要在此刻閱讀你的文章？

當你能夠清楚地表達內心的感受，讀者必然也能體會到此篇文章的重要性。除了撰寫文章，你也可以使用視覺元素來輔助說明，同時善用數據、口碑或專家證言來加強說服的力道。

第三個邏輯：思辨

觀察和描述固然重要，但我也發現很多人在寫作的時候，往往僅止於交代事件的始末，卻未能進一步幫助讀者，從字裡行間找出真正的意涵以及值得參考的資訊。嗯，這樣說起來，真的有點可惜！

其實，書寫本身和個人經驗的深度、廣度息息相關。所以，我們除了要對日常生活與工作場域有所觀察和省思，更應該時常深入地洞察時事、輿情與趨勢。如此一來，你才能夠針對不同的事物傳達精準的看法，進而提煉出自己的獨特觀點。

第四個邏輯：行動

　　行動呼籲（Call to Action）是激發目標受眾實際採取行動的一種模式，其用意就是希望激發大眾在看完文章或圖像、影音等內容之後，可以實際採取特定的行動——好比希望消費者購買商品，或是捐款、參加活動等等，而這也是從事內容行銷者最想得到的回饋。

　　如果你希望在文章中置入有效的行動呼籲，請問問自己期待目標受眾做哪些事情？接下來，如何確保目標受眾知道自己該做什麼事？以及他們為什麼要這樣做？可以從中獲得哪些利益和承諾？

　　其實，想要打造一個強而有力的行動呼籲並不難，首先需要先抓住目標受眾的注意力。以撰寫商品文案為例，無論你想銷售什麼商品，建議你必須寫出淺顯易懂的內容，並在文中提供明確的利益與指示，如此一來，讀者才會採取行動。而在圖像化設計的部分，我們也常看到有些業者會把按鈕（像是「加入購物車」）放在顯眼的地方，甚至刻意改變字體或採用特別的顏色來凸顯重點。這些用意，無非都是希望喚起人們的注意。

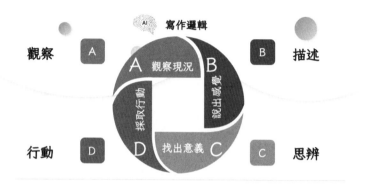

　　整體而言，當你在撰寫商品文案的時候，請不要急著推銷自家商品或服務，而可以先仔細想想：寫這篇商品文案的目的是什麼？想要鎖定哪些特定的目標受眾？要幫他們解決哪些具體的問題或帶來特定的利益？然後，你的商品或服務有哪些獨特之處，是否可以跟特定的時空、地點或場景相互搭配？

　　簡單來說，如果你願意使用我所設計的觀察、描述、思辨與行動等四個寫作邏輯來著手產製內容，我相信一定可以克服很多有關寫作的困擾。如此一來，也可以幫助你寫出擲地有聲且令人印象深刻的好文章！

　　除了上述四個寫作邏輯，你可能也在很多的寫作書籍上看過不少的文案寫作公式或寫作框架吧？隨便舉幾個例子，

像是：

- AIDA（注意力、興趣、欲望、行動）
- EEAT（經驗、專業知識、權威、信任）
- FAB（特性、優勢、利益）
- PAS（問題、激化問題、解決方案）
- SOAR（情況、障礙、行動、結果）
- SPIN（情況、問題、暗示、需要回報）
- SNAS（情況、需要、激化、解決）
- STAR（情況、任務、行動、結果）
- WWAD（目標受眾會怎麼做）
- SCORE（情況、挑戰、障礙、解決方案、最終結果）

　　儘管這些寫作公式或框架，源自不同的作者或商業公司、學術單位，但可想而知：當初，他們設計這些寫作框架的初衷，都是為了協助大家撰寫吸睛的文案，以激勵讀者採取行動——無論是購買、註冊服務，還是了解有關商品的細節或更多的資訊⋯⋯

　　如果你對這些寫作框架感興趣的話，可以上網做點功課，或是買書來看。不過，儘管坊間有各式各樣的寫作框架或寫作模板，但我相信還是有很多朋友不懂得舉一反三，也不清楚可

以在哪些場域裡靈活運用？

但是沒關係，現在我們可以請 ChatGPT 代勞。讓它幫忙集思廣益，幫你想出各種吸睛又吸金的商品文案。

舉例來說，我從 2019 年元月推出一個名為「Vista 寫作陪伴計畫」的寫作服務（https://www.vista.tw/writing-companion），最近因為想要改版這個服務，正準備計畫重新設計銷售頁面與撰寫宣傳文案。所以，我就來請教一下 ChatGPT：

嗨，你知道 SOAR 的寫作框架嗎？可否請你為我的「Vista 寫作陪伴計畫」的銷售頁面，撰寫 1000 字左右的招生文案嗎？我需要瞄準一群有興趣學寫作，或是對寫作感到困擾的目標受眾，請提供我一些點子。

當然，以下是我為你所撰寫的 1000 字的銷售頁招生文案：

[標題]：只需 30 天，讓你的寫作能力突飛猛進：《Vista 寫作陪伴計畫》

[情況]：每個人都有自己的故事以及想法，但寫作是一個需要技能和體力的任務。對於大多數人來說，寫作往往是一種艱鉅的任務，特別是當你需要用更好的方式有效地表達自己時。

[**障礙**]：就算你想開始寫作，也許你不知道從哪裡開始，或者是如何將你的想法變成有說服力的文章。有些人擁有基本的寫作技能，但他們需要更多的回饋和指導，以提高文章品質。當然，也還有一些人會對寫作感到困惑，甚至因為害怕而舉足不前。

[**行動**]：這就是為什麼我們之所以推出《Vista 寫作陪伴計畫》的初衷。我們知道寫作是一種藝術，也是一種技能，所以需要不斷的練習和指導。我們的這個服務，可以提供給你最有效的學習方式，發掘並提高你的寫作技能。

[**解決方案**]：基於你自己的需求，我們的服務將手把手地指導你，從整個寫作過程的頭到尾，包括研究、規畫、撰寫和編輯。只要加入這個計畫，你就可以獲得專業的寫作指導和個人回饋，使你從自己寫的文案中開始建立自己的風格和聲音，進而將想法轉化為引人入勝的內容。

[**最終結果**]：當你經過這三個月的學習之後，你將會發現你的寫作能力有顯著的提升。你將能夠更有自信地表達自己的想法，並在需要表達想法時產生更流暢的口才和更佳的語言表達能力。無論你是想寫小說、部落格或是商業文案，我們的服務將可以幫助你啟動一個全新的寫作旅程。請不要害怕，趁現在開始展開文字冒險吧！

現在就加入我們的「Vista 寫作陪伴計畫」！只需要投入三個月，就可以讓你的寫作能力持續進步。千萬不要再讓寫作成為你的障礙，讓 Vista 老師陪伴你踏上寫作的征程，一舉成為寫作的高手！

看到這裡，你是否覺得這段文案還不賴呢？接下來，我繼續請 ChatGPT 應用 AIDA 框架，撰寫一份鼓勵大家捐血救人的公益文案。

好的！以下是我使用 AIDA 框架為你設計的公益文案，希望可以鼓勵大家捐血救人：

標題：揮灑生命，傳遞愛心──參加捐血行動，救援急需生力軍

[注意力]：在當下充斥著生活小確幸、娛樂活動的快節奏時代，慈善行為仍然是我們無法忽視的現實。如今，整個社會需要更多能夠付出實際行動的人們，特別是推動公益事業和醫療服務方面的進步，這是我們每個人應該關注和行動的重要問題。

[興趣]：在這樣的一個背景下，捐血活動是一個非常適合參與的公益活動。捐血不但能夠拯救生命，還可以讓你感受到付出的快樂和成就感。捐血的過程是安全的、快捷的、舒適的，而且對你的健康無害。因此，請你不

要再猶豫不決，現在就加入捐血行列，成為救援之星。

[欲望]：捐血不僅是一個重要的貢獻社會的方式，更是一種長期的生命習慣。在捐血過程中，你可以幫助那些生命垂危的病人重獲新生，這樣的成就感和內心的滿足感是無法用言語來形容的。此外，捐血還可以增強你的健康，改善你的心理狀態，讓你擁有更健康的生活方式，這是一個雙贏的選擇。

[行動]：現在，我們需要你的行動。是時候舉起你的手，走出你舒適的生活環境，向需要幫助的人們伸出援手了。前往最近的醫院或社區捐血站、捐血車，參加捐血活動。哪怕個人的力量有限，但每一滴血都可以改變一個劇烈的人生遭遇，為病人帶來希望，堅持完整的捐血過程，讓感動的心意滿載而歸！

不要再猶豫不決，現在就參加公益捐血救援行動，揮灑你的生命，傳遞愛心，成為社會的一份子，為國人的健康和幸福做出貢獻吧！

　　誠然，我們有許多現成的寫作公式或框架可以套用，但也許不是每個寫作框架都適合自己。這時，你便可以考慮自行設計一套新的框架。舉例來說，我在先前的章節中，曾經提到自己設計了一套「VISTA 提問法」。具體的操作步驟，如下

所示：

- V – Visualize（**想像願景**）：在此步驟中，你需要勾勒出自己想要達成的目標和願景，以便為你的提問建立一個明確的方向和目標。

- I – Identify（**確定問題**）：在此步驟中，你需要確定問題或挑戰的具體描述，以及解決方案所需的更多資訊。

- S – Strategize（**制定策略**）：在此步驟中，你需要制定一個具體的解決策略，以應對你所確定和確定的問題或挑戰。

- T – Test（**測試策略**）：在此步驟中，你需要測試你制定的策略，以確保它可以有效地解決各種迎面而來的問題或挑戰。

- A – Act（**執行計畫**）：在此步驟中，你需要執行自己所制定的計畫，並監控其有效性和可行性。

基於「VISTA 提問法」所設計的文案寫作框架，其實有點類似於大家耳熟能詳的 AIDA 公式：

V - Visualize：
• [您需要簡短地描述產品、服務，引起讀者的注意並激發他們的興趣和好奇心。]

I - Identify：
• [列出您產品的主要特點和優勢。]
• [為什麼您的產品比競爭對手更好？]
• [您的產品滿足哪些顧客需求？]

S - Strategize：
• [定義您的目標客戶群體是誰？]
• [定位您的產品或服務。]
• [規畫推銷策略，例如使用哪種媒體進行宣傳？]
• [擬定預算計畫和推廣時間表。]

T - Test：
• [測試您的推銷策略，並收集客戶反饋。]
• [對策略進行必要的修改和調整。]

A - Act：
• [在您的目標客戶群體中進行推銷活動。]
• [持續進行市場調查和分析，以確保您的策略和計畫能夠適應市場的需求和變化。]

應用VISTA提問法
的商品文案模板

V - Visualize（想像願景）：

首先，你需要先想像一下自己想要展示的產品或服務。你需要構思一個有吸引力的想像願景，以引起讀者的注意。此步驟將幫助你確定主要的資訊和目標受眾。

• ［你需要簡短地描述產品、服務，引起讀者的注意並激發他們的興趣和好奇心。］

I - Identify（確定問題）：

在此步驟中，你需要確定並詳細描述產品或服務的特點和優勢，以便讀者了解更多詳細的資訊。藉由提出一些問題，幫助你確定以下內容：

- ［列出你的產品的主要特點和優勢。］
- ［為什麼你的產品比競爭對手更好？］
- ［你的產品滿足哪些顧客需求？］

S – Strategize（制定策略）：

這個步驟將幫助你規畫文案的推銷策略。你需要確定自己的目標客戶，制定定位策略，決定應該使用哪種銷售方法來推銷產品、服務。此外，你還需要考慮推廣成本，制定預算計畫，以及確定推廣時間表。

- ［定義你的目標客戶群體是誰？］
- ［定位你的產品或服務。］
- ［規畫推銷策略，例如使用哪種媒體進行宣傳？］
- ［擬定預算計畫和推廣時間表。］

T – Test（測試策略）：

在此步驟中，你需要測試推銷策略，以確定它是否有效。測試期間，你應該盡可能地獲取客戶的意見回饋，以便能夠對策略進行必要的調整和修改。

- ［測試你的推銷策略，並收集客戶的意見回饋。］
- ［對策略進行必要的修改和調整。］

A – Act（執行計畫）：

　　在此步驟中，你需要執行先前制定的推銷計畫。請使用你的推銷技巧和策略，將產品或服務推廣給潛在客戶。進行持續的市場調查和分析，以確保你的策略和計畫能夠適應市場的需求和變化。

- ［在你的目標客戶群體中進行推銷活動。］
- ［持續進行市場調查和分析，以確保你的策略和計畫能夠適應市場的需求和變化。］

　　如果你能遵循這個寫作框架的流程，應該不難設計出一個有效的文案，吸引目標受眾，提高你的品牌知名度和產品、服務的銷售量。歡迎你運用這個框架，設計出吸睛又吸金的文案，藉此展示產品或服務的優勢和特點，同時也能夠引導你的潛在客戶進一步了解和購買。

　　接下來在本章後續的章節中，我將運用「VISTA 提問法」與 ChatGPT 進行互動，請它協助我們進行職場寫作。

第二節
電子郵件

　　說到電子郵件，相信大家一定不陌生，這是因為每天我們都會收到大量的廣告信件，自己也可能會寄發一些信件給客戶或親友。乍看之下，撰寫電子郵件好像沒什麼了不起？但是若真正要論及商業書信的範疇，箇中著實有許多的學問。

　　簡單來說，一封專業的商業電子郵件，應該包含以下的幾個元素：

- **標題**：透過簡潔明瞭的標題，能夠清楚地表達郵件的主旨。

- **內容**：呈現清晰、簡潔的內容，讓讀者一目瞭然地了解你想傳達的資訊。需要確保使用正確的語法和拼寫，使用適當的標點符號和段落。

- **署名**：在電子郵件的末尾，附上你的署名，包括你的名字、貴公司的名稱、職位、電話號碼和電子郵件地址。

- **附件**：如果需要附上文件或圖片，請明確標註並確保

圖文相符。倘若檔案過大，也可先上傳到雲端（好比 Dropbox、Google 雲端硬碟）。

談到商業電子郵件的寫作技巧，基本上足以寫一整本書來介紹。不過，你只要先掌握以下的基本原則就可以了！

- **目的明確**：在開始撰寫電子郵件之前，請確定自己的目的，讓電子郵件的內容與目的一致，避免跑題。

- **淺顯易懂**：請使用簡潔明瞭的語言表達自己的意思，讓收信人可以快速地理解這封來信的目的與需求。

- **格式清爽**：請適當地使用段落排版，來使電子郵件更易讀和理解。

- **用語恰當**：請使用合宜的敬語和稱謂，以表達你對收信人的尊重和禮貌，並使電子郵件的內容專業且有說服力。

- **內容檢查**：在發送電子郵件之前，請仔細檢查內容，包括拼字和語法錯誤，以確保內容的清晰度和正確性。

- **回應快速**：盡可能快地回應電子郵件，以表現出你對收信人的關注和尊重。

整體而言，撰寫商業電子郵件的目的是為了溝通，所以並不需要妙筆生花或出口成章。你只需要用簡潔明瞭的語言來表

達自己的意見即可,並請注意職場禮儀,以及是否有清楚地傳達目的與相關需求。

此外,我也建議大家要注意電子郵件的格式、體例,避免出現錯別字。很多時候,我們只要運用淺顯易懂的方式來溝通、表達便已足夠(好比以條列的方式充分表達意見);當然,當你收到對方的回信時,也要謹記及時回應。

接下來,我請 ChatGPT 提供三個實際的商業電子郵件案例,給你作為參考:

案例一:客戶回饋調查

主題:客戶意見調查

尊敬的客戶,你好!

感謝你一直以來對我們公司的支持和信任,為了更瞭解你的需求,我們正在進行客戶回饋調查。我們希望你能撥出幾分鐘時間填寫問卷,讓我們更加地了解你的想法和意見。

調查問卷連結:(連結)

你的回饋對我們非常重要,我們將根據你的回饋來改進我們的產品和服務,並為你提供更好的客戶體驗。如果你有任何問題或建議,請隨時與我們聯繫。

再次感謝你的支持！

順頌時祺

（公司名稱），（你的名字）

案例二：商務合作

主題：商務合作建議

你好！

我們是一家位於臺北市信義區的國際貿易公司，素仰貴公司信譽超卓，非常期待能有機會與貴公司建立長期合作關係。我們注意到貴公司在同行業中的優異表現，我們相信我們的合作將為我們雙方帶來更大的收益。

我們希望與貴公司合作，提供高品質的產品和服務，滿足貴公司的需求。我們可以提供競爭力的價格、高品質的產品和快速的交貨時間。

如果你對我們的商務合作建議有興趣，請回覆此郵件以表達你的意願。我們期待與你建立良好的商務關係。

順頌商祺

（公司名稱），（你的名字）

案例三：面試邀請

主題：面試邀約通知

某某先生、女士，你好！

感謝你對我們公司的關注。我們已經收到了你的求職申請，非常感謝你對本公司的青睞。

我們誠邀你參加我們公司的面試，以進一步了解你的技能和經驗。面試時間和地點如下：

時間：（日期和時間）

地點：（公司地址）

如果你無法參加此次面試，請盡速與本公司人資部門聯繫，我們會根據你的情況重新安排面試時間。如果你有任何問題或疑慮，歡迎隨時與我們聯繫。

謹此敬祈

（公司名稱），（你的名字）

　　看完以上的案例介紹，我相信你應該會對商業電子郵件的撰寫有一些基本認識了。但是這三個案例可能過於簡單，接下來讓我進一步為你講解。

　　你還記得之前提到的「VISTA 提問法」嗎？同樣的，我

們也可以透過它來設計商業電子郵件的模板唷！

V - Visualize（想像願景）

首先，讓我們想像你希望這封電子郵件達到的目標和願景。你可能希望這封電子郵件能夠有效地解決客戶在使用產品時遇到的問題，同時能夠向客戶介紹產品的優勢和特點，並提高客戶對產品的興趣和信心。

I - Identify（確定問題）

接下來，讓我們確定這封電子郵件所需要解決的具體問題。你可能希望在這封電子郵件中回答客戶的問題，例如產品的特點、價格、使用方法等等。同時，你也希望這封電子郵件能夠有效地促銷產品，增加銷售量。

S - Strategize（制定策略）

現在，讓我們制定一個具體的策略來應對這些問題。你可以在電子郵件的開頭介紹產品的優勢和特點，然後列出一些常見問題的解決方法。你也可以在電子郵件中提供一些客戶成功案例，以證明產品的可靠性和效果。

T - Test（測試策略）

在進行電子郵件的發送之前，讓我們測試一下你制定的策略。你可以讓一些同事或朋友閱讀這封電子郵件，並請他們提供意見回饋和建議。你也可以進行 A/B 測試，

比較不同的電子郵件版本的效果。

A - Act（執行計畫）

最後，當你制定好了最終版本的電子郵件之後，讓我們開始執行計畫吧！你可以將這封電子郵件發送給客戶，同時監測回饋和效果，並不斷優化和改進你的電子郵件模板。

希望透過「VISTA 提問法」，可以幫助你設計出一個有效的電子郵件模板，不只解決客戶問題，更可以提高銷售量。

以下是一個電子郵件模板的參考範本，你可以在現有的基礎上進行修改和優化，以符合特定需求：

主題：了解更多關於我們產品的資訊

親愛的客戶，

感謝你採購我們的 OOO 產品！由於這是一個劃時代的新產品，我們知道在使用時可能不大容易上手，因此特別準備了一份詳細的常見問答集（FAQ），以解決一些最常見的問題。請點選以下的連結，即可獲取更多的資訊：

[FAQ 連結]

如果你所遇到的問題不在常見問答集（FAQ）之中，請隨時與我們的客戶服務團隊聯繫，我們會竭盡所能為你提供幫助。

除此之外，也想向你介紹一下本公司的產品優勢和特點。我們的產品擁有許多獨特的功能，可以幫助你提高工作效率和品質。請點擊以下連結，了解更多關於我們產品的資訊：

[產品介紹連結]

最後，我們非常重視客戶的意見回饋，這對產品和服務的改進至關重要。如果你對產品有任何批評或建議，請隨時與我們聯繫。我們期待你的回饋！

謝謝你的愛用！

此致

敬禮

[你的名字]

接下來，我想舉一個企業界的案例來為你做說明：

我有一個寫作班的學生叫小傑，他在一家專門生產小家電的本土企業任職。最近，他們公司針對廣大的上班族朋友推出一款智慧型手機的行動電源，產品名稱是「神速魔法快充行動

電源」（備註：為保護企業的營業機密，這並非真實的產品名稱，已事先經過修改），可想而知主要的賣點在於快速充電的特性。

　　某天下課，小傑跑來問我，想要知道該如何撰寫產品開發信？因為最近 AI 風潮席捲全臺，他也很好奇：是否可以運用「VISTA 提問法」，請 ChatGPT 幫他設計產品開發信的中文與英文模板？

　　小傑的需求很明確，加上也很了解自家產品的特性……嗯，這當然沒有問題啦！

　　我請他詳細列出「神速魔法快充行動電源」的產品特色，如下所示：

- 採用 20000mAh 的高效能鋰聚合物電芯。
- 支援 Qualcomm QC 3.0/USBPD 3.0 快充技術。
- 採用 USB-C 接口支援最新雙向充電功能。
- 提供多達 3 個 USB 接口輸出電量。
- 搭載數位儀表電量顯示，可精準掌控電量使用狀態。

　　接下來，我就請他按照「VISTA 提問法」跟 ChatGPT 進行對話。以下，是 ChatGPT 提供的建議：

V‐Visualize（想像願景）

首先，請你想像一下希望這封產品開發信達到的目標和
願景。你可能希望這封信能夠有效地向客戶介紹「神速
魔法快充行動電源」的產品特點和優勢，並激發客戶對
產品的興趣和信心，以提高產品的銷售量。

I‐Identify（確定問題）

接下來，讓我們確定這封產品開發信所需要解決的具體
問題。你需要介紹產品的特點、功能、優勢和適用場
景，並提供足夠的資訊和證據，以證明產品的可靠性和
效果。

S‐Strategize（制定策略）

現在，讓我們制定一個具體的策略來應對這些問題。你
可以在信件中重點介紹「神速魔法快充行動電源」的特
點和優勢，例如：多個 USB 接口、大容量電池與支援多
種快充技術等等。同時，你也可以提供一些客戶成功案
例和評價，以進一步加強客戶對產品的信心和興趣。

T‐Test（測試策略）

在進行產品開發信的發送之前，讓我們測試一下你制定
的策略。你可以讓一些同事或朋友閱讀這封信，並請他
們提供意見回饋和建議。你也可以進行 A/B 測試，比較
不同版本的信件的效果。

A - Act（執行計畫）

最後，當你制定好了最終版本的產品開發信之後，讓我
們開始執行計畫吧！你可以將這封信發送給客戶，同時
監測回饋和效果，並不斷優化和改進你的信件模板。

我教小傑如何善用 ChatGPT，他很快就得到了一些靈
感，也認為 AI 並不可怕，而且還能夠提高工作效率呢！當
然，我們不宜直接採用 ChatGPT 產出的文案內容，如果把它
視為靈感來源或參考資訊，這倒是絕對沒問題的！

緊接著，我們又請 ChatGPT 幫忙設計這款行動電源的
中、英文版產品開發信，同樣把這些範本提供給讀者朋友
參考：

主題：新款「神速魔法快充行動電源」現已上市！

尊敬的客戶：

非常感謝你一直以來對本公司產品的關注和支持。很高
興地向你宣布，我們的最新產品──「神速魔法快充行
動電源」現已正式上市！

這款市場最新款的行動電源擁有高效能鋰聚合物電芯，
支援主流的 Qualcomm QC 3.0/USBPD 3.0 快充技術，不
論使用哪一款手機，都能快速補充電量唷！我們採用

USB-C 接口支援最新雙向充電功能，提供多個 USB 接口輸出電量，同時對三個行動裝置充電也不是問題。此外，本產品還搭載數位式電量顯示，讓你不用再看燈號盲猜電量，更能精準掌控電量使用狀態囉！

「神速魔法快充行動電源」還有以下特點：

- 極速充電：快速充電技術，節省你寶貴的時間。

- 超大容量：20000mAh 大容量電池，充足電力支援你的日常使用。

- 多重保護：讓你的行動電源更安全，防止過充、過放、過流等問題。

- 方便攜帶：輕巧便捷的設計，便於攜帶和儲存。

我們相信，「神速魔法快充行動電源」將成為你的生活必備品，為你的行動裝置提供最佳電力支援。如果你對此產品有任何疑問或建議，請隨時與我們聯繫。謝謝！

此致

敬禮

[你的名字]

　　時序進入二十一世紀，我們每個人都置身這個地球村。如果你想要幫貴公司拓展海外市場，英文版的行銷素材自然也

不可少！現在，就讓我們來看看英文版的產品開發信該怎麼寫吧？

Subject: New "Magic Fast Charging Portable Power Bank" Now Available!

Dear Customer,

Thank you for your continued support and interest in our products. We are excited to announce that our latest product - the "Magic Fast Charging Portable Power Bank" - is now officially available!

This power bank features a high-efficiency lithium polymer battery and supports mainstream Qualcomm QC 3.0 / USBPD 3.0 fast charging technology, enabling fast charging for any mobile phone. The USB-C port supports the latest bi-directional charging function, providing up to 3 USB ports to output power, and it is not a problem to charge three mobile devices at the same time. It also features a digital power display, allowing you to accurately monitor the usage of the power bank without the need to guess based on LED indicators.

The "Magic Fast Charging Portable Power Bank" also has the following features:

Fast Charging: Fast charging technology saves you precious time.

Large Capacity: 20000mAh large capacity battery provides sufficient power support for your daily use.

Multiple Protections: Multiple protection mechanisms prevent overcharging, over-discharging, and over-current issues.

Convenient Portability: Lightweight and convenient design for easy carrying and storage.

We believe that the "Magic Fast Charging Portable Power Bank" will become an essential item in your life, providing the best power support for your mobile devices. If you have any questions or suggestions about this product, please feel free to contact us at any time. Thank you!

Best regards,

[Your Name]

　　過了一個禮拜，小傑又跟我約時間諮詢。我們坐在民生社區的某家星巴克裡，一邊啜飲咖啡，一邊延續先前有關「神速魔法快充行動電源」的話題。

聊著聊著，他突然有點吞吞吐吐，面有難色地問了我一個問題：「呃，Vista 老師……假設有個客戶購買了我們家的新款行動電源，發現使用兩個月之後就有無法充飽電的現象，要求退換貨或者是退款……。嗯，你覺得這個時候該如何妥善處理比較好？既不會得罪客戶，又要兼顧公司的立場，並給予最合適的回應呢？」

説來也是巧合，近年來我也時常在公部門以及各大企業講授有關危機處理與公關行銷的課程。所以，我知道小傑遇到的問題並非特例，的確是許多公司行號時常會遇到的客訴問題。

在我跟小傑講解了一些基本的公關處理原則之後，我的內心其實已經有譜，不過還是決定請 ChatGPT 幫忙構思，同時希望可以幫小傑設計出一套有效的客服信腳本，以有禮貌的應對方式來協助客戶解決根本的問題。

中文版：

主題：關於「神速魔法快充行動電源」問題的回覆

尊敬的客戶：

非常感謝你選購我們的產品，對於你提到「神速魔法快充行動電源」存在無法充飽電的問題，我們感到非常抱

歉。我們十分重視每一位客戶的意見回饋，並希望能夠為你提供最好的服務和支援。

經過我們的技術人員檢測之後，發現你所購買的產品可能存在一些問題，導致無法充飽電。為此，我們將立即為你提供以下兩種解決方案：

- 退換貨：如果你願意，我們可以為你安排退換貨的事宜，並為你重新發送一款全新的「神速魔法快充行動電源」產品。

- 退款：如果你不希望繼續使用我們的產品，我們也可以為你退款，並在最短的時間內將款項退還至你的銀行帳戶中。

不論你選擇哪一種方案，我們都將為你提供最好的服務和支援，並確保你的權益不受損害。

再次感謝你對本公司的信任和支持，我們期待能夠繼續為你提供更好的產品和服務。如果你對以上方案有任何疑問或建議，請隨時與本公司客服人員聯繫。謝謝！

此致

敬禮

[你的名字]

英文版：

Subject: Response to Your "Magic Fast Charging Portable Power Bank" Issue

Dear Customer,

Thank you for your purchase and use of our product. We are sorry to hear that you are experiencing issues with the "Magic Fast Charging Portable Power Bank" not being able to fully charge. We take every customer's feedback and opinion seriously and strive to provide the best service and support.

After inspection by our technical team, we found that there may be some issues with the product you purchased, causing it to not fully charge. Therefore, we will immediately provide you with the following two solutions:

Exchange: If you wish, we can arrange for you to exchange the product and resend you a brand new "Magic Fast Charging Portable Power Bank".

Refund: If you do not wish to continue using our product, we can also provide you with a refund and return the funds to your account as soon as possible.

No matter which solution you choose, we will provide

you with the best service and support and ensure that your rights are not compromised.

Thank you again for your trust and support, and we look forward to continuing to provide you with better products and services. If you have any questions or suggestions regarding the above solutions, please do not hesitate to contact us. Thank you!

Best regards,
[Your Name]

　　小傑喝了一口咖啡，感覺安心不少。過了半晌，他繼續追問：「嗯，我知道了！可是如果客戶仍不滿意，並威脅要給予一顆星的低評分，請問我該如何回應？要如何有禮貌地以堅持公司立場與原則的方式來回應呢？」

　　嗯，這的確也是常見的問題。我們繼續來請教ChatGPT：

中文版：

主題：關於你對「神速魔法快充行動電源」產品低評分的問題的回覆

尊敬的客戶：

感謝你對我們的產品提出了寶貴的意見，有關你對「魔法快充行動電源」產品的低評分，我們感到非常抱歉。我們一直致力於提供最好的產品和服務，但似乎我們在這次交易中沒有達到你的期望。

我們將盡最大努力改進產品和服務，以確保你和其他客戶的滿意度得到最大程度的提高。但是，我們希望在此澄清一些事情：我們提供的退換貨或退款方案是為了讓你能夠擁有最好的購物體驗，而且我們的產品在一些客戶手中表現得非常出色。所以，我們希望你能夠再次考慮我們提供的解決方案，以獲得更好的體驗。

如果你仍然不滿意我們的解決方案，我們尊重你的決定。但是，我們希望你能夠考慮重新評估你對本公司產品的評價。我們會一直努力改進，以確保你和其他客戶獲得最好的產品和服務。

如果你有任何其他問題或建議，請隨時與我們聯繫。我謹代表本公司，再次感謝你的信任和支持。

此致

敬禮

[你的名字]

英文版：

Subject: Response to Your Low Rating of "Magic Fast Charging Portable Power Bank" Product

Dear Customer,

Thank you for your valuable feedback on our product. We are sorry to hear that you have given a low rating to the "Magic Fast Charging Portable Power Bank". We have always been committed to providing the best products and services, but it seems that we did not meet your expectations in this transaction.

We will make every effort to improve our products and services to ensure that your and other customers' satisfaction is maximized. However, we would like to clarify some things. The exchange or refund options we provide are to ensure that you have the best shopping experience, and our products have performed very well in the hands of some customers. So we hope you will consider our solutions again to get a better experience.

If you are still not satisfied with our solutions, we respect your decision. However, we would like you to reconsider your rating of our product. We will continue to work hard to improve to ensure that you and other customers get the best products and services.

If you have any other questions or suggestions, please feel free to contact us. We appreciate your trust and support.

Best regards,

[Your Name]

⑨ Vista 寫作教室 / 客服信需要涵蓋哪些重要元素？

　　當我們要向客戶提供最好的購物體驗時，我們可以在客服信中包含以下幾個元素：

- 表示感謝和關注：在信件的開頭，要表達對客戶的感謝和關注，並且讓客戶知道他們的意見和經驗對我們非常重要。
- 瞭解客戶問題：確保我們瞭解客戶所報告的問題或疑慮，讓客戶知道我們將盡全力解決問題。
- 提供解決方案：提供可行的解決方案，以解決客戶報告的問題或疑慮。
- 確保客戶滿意：在解決問題後，我們要確保客戶對解決方案感到滿意，客戶若有其他疑慮，我們將繼續提供協助與支援。

以下是一個有效的客服信模板，可以提供給你參考：

Dear [Customer Name],

Thank you for contacting us regarding [the issue that the customer reported]. We appreciate your feedback and the opportunity to improve our products and services.

We understand that [the issue that the customer reported] has caused inconvenience to you, and we apologize for the inconvenience. We have reviewed your case and will provide the following solution [provide a solution that fits the customer's needs, such as a refund, exchange, or repair].

If you have any other questions or concerns, please feel free to contact us. We are committed to providing the best possible experience for our customers and we appreciate your business.

Best regards,

[Your Name]

第三節
履歷表

在職場寫作的範疇中，撰寫自傳和履歷表自然也是相當重要的一環。雖然「朝九晚六」的生活已經離我很遙遠了，我也已經有好幾年的時間不曾在職場上尋求新的全職工作機會。

然而，談到撰寫履歷表這件事，還是讓我印象深刻，甚至不吐不快。道理很簡單，因為我平常在臺灣規模最大的 104 人力銀行，義務為年輕的朋友們做履歷健診……，單單在 2023 年上半年，我就已經幫超過六百位的朋友檢閱、修正他們的自傳和履歷了！

但我也不得不說，年輕世代的履歷表普遍都寫得不理想，格式和內容往往都千篇一律，缺乏亮點與特色。當然，這個問題是一個普遍的社會現象，如今我回頭看自己二十年前寫的履歷，也是很不成熟，甚至還帶著一點兒青澀。

那麼，該怎麼辦呢？如果你也有履歷健診的需求，除了可以跟像我這樣的職涯顧問求助跟請益之外，當然現在還可以請 ChatGPT 幫幫忙！

　　説到找工作，我不但時常義務幫年輕朋友做履歷健診，也有很多朋友會找我討論求職的議題。好比之前「Vista 讀書會」有一位夥伴恩熙，就曾跟我討論相關議題。他告訴我，很想要找一份能夠充分發揮身手的 UX 設計師工作。

　　接下來，我同樣運用「VISTA 提問法」，請 ChatGPT 協助恩熙寫出一份精彩的履歷表。

　　恩熙是一個資深的使用體驗設計師，想要找 UI/UX 設計的相關工作。請問他該怎麼撰寫一份吸睛的履歷表？可以請你用「VISTA 提問法」，一步步教他寫出可以獲得面試官青睞的履歷表嗎？

　　當然可以！我們來運用「VISTA 提問法」，一步步來幫恩熙撰寫一份吸睛的履歷表。

V - Visualize（想像願景）

　　首先，請恩熙先想像你想要達成的目標和願景，以便為自己的履歷建立一個明確的方向和目標。假設你的目標是要找到一份 UX 設計師的工作，首要之務就是要讓你的履歷能夠吸引面試官的目光，進而展現你的專業技能和經驗，這樣才有辦法能夠從眾多競爭者之中脫穎而出。

I - Identify（確定問題）

接下來，你需要確定履歷表的具體描述，以及需要提供的資訊。你得確保自己的履歷能夠充分且明確地展示你的經驗和技能，讓面試官能夠快速了解你的能力和成就。

S - Strategize（制定策略）

現在，你需要制定一個具體的策略，以應對自己所面對的問題。以下是一些建議：

· 確定你的目標職位，並適當地編輯你的履歷表。著重於與目標職位相關的經驗和技能，而忽略與之無關的內容。

· 在你的履歷中，明確指出你熟悉的工具和技術，例如：Photoshop、Illustrator、Sketch、Figma 等等，藉此凸顯你的設計技能和平時擅長使用的設計工具。

· 列出你曾經參與的 UI/UX 設計專案，並且進一步描述你為這些專案所貢獻的心力和得到的成就。

· UI/UX 設計往往很難單打獨鬥，通常需要和其他設計師、開發人員和其他部門的人員群策群力，共同協作。所以，你可以在自己的履歷中，強調你的團隊合作精神與傑出的溝通技巧。

T - Test（測試策略）

在這個步驟中，你需要測試你制定的策略，以確保它可以有效地解決你所確定的問題或挑戰。同時，你也需要檢查自己的履歷表，是否清晰明確地展示了你的經驗和技能，並突出你的專案和成就；此外，也應該避免拼寫和文法等錯誤。

A - Act（執行計畫）

現在，你需要開始執行你的計畫。以下是一些提示：

- 設計一份專業的履歷格式：使用簡潔的字體、清晰的排版和有組織的結構，讓你的履歷表更易於閱讀。

- 編輯你的經歷和技能：根據你的目標職位和策略，刪除與這些議題無關的內容，聚焦在你的經驗和技能上頭。

- 展示你的專案和成就：提供足夠的工作經驗與相關細節，突出你的貢獻和成就。

- 檢查你的拼寫和文法：使用文法檢查工具或相關軟體來檢核你的履歷表，以確保沒有任何的錯誤。

最後，要請恩熙隨時更新自己的履歷表，以反映你的最新經驗和成就。祝你好運！

接下來逐一針對這五個步驟進行提問，進一步釐清問題。

首先，在「想像願景」的階段，假設恩熙擁有三年以上的 UI/UX 工作經驗，曾開發過五種小家電產品，並得過多項設計獎的殊榮。我向 ChatGPT 發問，該如何在履歷上展現恩熙對於職涯發展的願景呢？又該如何具體勾勒願景，才能吸引設計公司願意找他面試呢？

> 嗯，這是很好的問題！在「想像願景」的階段，建議恩熙可以嘗試思考自己的專業發展方向、理想的工作場景等問題，以幫助你勾勒出遠大的職業願景。以下是一些建議：
>
> ・ 考慮你的專業發展方向：你可以想一下你現在的技能和經驗，以及你想要進一步發展的方向。例如，你可能想在 UI/UX 領域深耕，或者想成為一名領導者，指導和管理其他 UI/UX 設計師。
>
> ・ 考慮你對產品和技術的熱情：你可以思考一下你對設計和技術的熱情，並將其反映在你的履歷中。好比你可能對家電產品的設計非常感興趣，想在這個領域中持續發展。
>
> ・ 關注你對用戶體驗的理解：你可以在履歷中強調自己對用戶體驗的理解和對用戶需求的關注。舉例來

　　說，你可以強調自己很重視用戶心聲，以及你如何
　　根據用戶回饋來進行體驗設計。

總之，你可以透過強調自己的職涯目標和興趣，展現你
對 UI/UX 設計的熱情和專業素養。這將有助於吸引面試
官的注意，使你在眾多應聘者中脫穎而出。

　　很多人都知道展現自我的專業很重要，偏偏不知道該從何
下手？所以，我請 ChatGPT 示範如何展現自我的強項：如果
你是一位資深的 UX 設計師，會怎麼強調自己的專業目標和興
趣，展現對 UI/UX 設計的熱情和專業素養呢？

好的！以下是一個 UX 設計師的的職涯發展案例：

「我的職業目標是成為一名 UX 設計師，致力於開發出
簡潔、直觀且易用的產品，以提高用戶體驗。在過去的
三年中，我參與了許多家電產品的設計開發工作，深入
了解了用戶的需求和行為，並積極尋求改進和創新。我
的興趣在於將良好的設計和優秀的技術相結合，為用戶
提供出色的體驗。」

在這個例子中，這位 UX 設計師強調了他的職業目標、
專業技能和興趣。他表達了自己致力於提高用戶體驗的

使命感，強調了他的經驗和能力，同時提到了他的興趣和熱情。這樣可以讓面試官對這個設計師產生更深刻的印象，並讓他在眾多應聘者中脫穎而出。

老實說，光是看到這裡，我覺得 ChatGPT 所寫的履歷表，恐怕已經勝過時下很多的年輕朋友了。但光寫出這樣的履歷表，可能還不足以吸引面試官的青睞。

所以，我接著問：這個例子好像少了一些數據跟實際案例，感覺有點空泛欸！可以請你幫我多補充一些足以吸引企業用人單位的細節嗎？

當然，謝謝你指出的缺失。讓我嘗試加入更具體的細節，以幫助你更好地理解如何撰寫能吸引人的履歷。

「我的職業目標是成為一名 UX 設計師，致力於開發出簡潔、直觀且易用的產品，以提高用戶體驗。在過去三年的工作中，我參與了五種小家電產品的設計開發工作，負責設計和測試產品的用戶體驗。我的設計方案減少了 30% 的用戶流失率，提高了用戶的黏性和滿意度。我同時深入了解了用戶的需求和行為，從而設計出更好的界面和互動方式，提高了產品的使用率和收益。我的興趣在於將良好的設計和優秀的技術相結合，為用戶提供出色的體驗。我熟悉 Photoshop、Sketch、Figma 等 UI/

UX 設計工具，同時具備優秀的團隊合作和溝通技巧。」

在這個例子中，這位 UX 設計師透過具體的數據和實際案例，展現了自己的經驗和能力，進一步說明了他的職業目標和興趣。他提到自己在五種小家電產品的設計開發中負責設計和測試產品的用戶體驗，並透過優秀的設計方案減少了用戶流失率、提高了用戶的黏性和滿意度，這些數據可以讓面試官更直觀地了解他的能力和成就。同時，他提到自己熟悉的設計工具和團隊合作和溝通技巧，這些都是 UX 設計師所需要的重要技能。

總之，在履歷中加入具體的數據和實際案例可以讓你的履歷更有說服力和吸引力，讓面試官更好地了解你的經驗和能力。

接下來，我繼續跟 ChatGPT 討論：請問在 I - Identify（確定問題）的階段，恩熙該如何明確展示自己的經驗跟技能呢？

嗯，這是非常好的問題！在「確定問題」的階段，你需要明確展示自己的經驗和技能，以使面試官能夠更好地了解你的專業素養和能力。以下是給恩熙的一些建議：

- 列出你的專業技能：你可以列出自己所擅長的 UX 工具和軟體，例如 Photoshop、Sketch、Figma 等，

以及你的設計技能，例如用戶研究、用戶測試、互動設計、資訊架構等。同時，你也可以列出你的領導能力和溝通技巧等軟技能。

- 描述你的經驗和成就：你可以闡述自己的專案經驗，包括你負責的 UX 設計工作、研究方法和結果等。同時，你也可以提到你過去在大學的研究論文、專業課程等學術成就。

- 強調你的 UX 思維：你可以強調自己在 UX 設計工作中所學到的思維和方法，例如人本主義設計、設計思考與系統思考等，並描述你如何將這些思維應用於你的專案和研究中。

總之，在展示你的經驗和技能時，要具體、清晰和有組織地列出你的專業技能和經驗，並且強調你的 UX 思維和方法。這樣可以幫助你向面試官展示你的專業素養和能力，使你在眾多應徵者中脫穎而出。

嗯，那麼針對恩熙的求職需求，可以請你指點一下如何在履歷表裡展示自己的經驗和技能嗎？

好的，當然可以！以下是一個例子，供恩熙參考：

經驗：

- 設計開發五種小家電產品，負責產品的用戶研究、互動設計和用戶測試。透過用戶研究和測試，成功提高了用戶體驗和滿意度，減少了用戶流失率。

- 我曾經參加 Human-Centered Design 線上課程，負責帶領一個 Team 進行 UX Research 實作，從用戶的角度出發，優化產品的功能和介面設計，提高了用戶的使用率和收益。

- 閱讀了大量文獻資料，包括 Don Norman、Jakob Nielsen 等著名 UX 設計師的書籍和研究報告，積極學習和研究最新的 UX 設計趨勢和方法。

技能：

- 熟悉 Photoshop、Sketch、Figma 等 UI/UX 設計工具，擅長設計軟體的互動介面和資訊架構。

- 精通用戶研究和用戶測試等 UX 設計方法，能夠運用不同的研究方法和工具，進行系統性的用戶調查和分析。

- 擁有優秀的溝通和領導能力，能夠帶領團隊進行設計和研究工作，並與產品經理、開發團隊等合作，

確保設計符合專案需求和目標。

整體而言，要注意清晰和有組織地列出自己的專業技能和經驗，並且強調你的 UX 思維和方法。可以運用專案開發經驗、課程學習與技能清單等方式，來突出你的 UX 設計實戰能力。

我繼續發問：接下來在 S – Strategize（制定策略）的階段，請問恩熙該制定怎樣的具體策略，方能突顯自己的才能呢？

當恩熙已經明確展示了自己的經驗和技能，下一步就是制定一個具體的策略，以便突顯你的才能。以下是一些建議：

- 以作品集為核心：設計一個高質量的作品集，展示你在 UX 設計領域的專業能力和成就。選擇你最出色的專案，並用精美的圖片和詳細的說明來呈現你的設計過程、目標和成果。

- 專業社群媒體平臺：利用 LinkedIn 和 Behance 等社交平臺，展示你的專業能力和成就。發布你的作品集、分享你的研究和思考、參與討論等，能夠讓你更好地與行業專業人士互動，並且得到更多的曝光和機會。

- 參與 UX 社群活動：積極參與 UX 相關的實體設計交流會、網上論壇等，能夠讓你與行內人士建立聯繫，學習最新的設計趨勢和方法，並且展示你的專業素養和態度。

- 產品和服務創新：利用你的 UX 設計能力，參與新產品和服務的創新，例如設計一個新的 App 或網站，或者優化現有產品的 UX 設計。這樣能夠讓你展示你的設計能力和創造力，同時也能夠幫助你建立自己的品牌形象。

總之，在制定策略的階段，你需要根據自己的專業素養和目標，制定具體的策略，以突顯你的才能。透過作品集、專業社群媒體、社群活動和產品創新等方式，能夠讓你更好地展示自己的專業素養和設計能力，並且提高你的知名度和競爭力。

接下來在 T‐Test（測試策略）的階段，請問恩熙該如何測試撰寫履歷的策略，才能確保面試官會對他的履歷表感興趣，進而願意安排面試呢？

建議恩熙可以使用以下方法來測試自己的求職策略，以確保面試官會對你感興趣：

- 交給專業人士審查：尋求第三方的意見，例如你的

教授、導師、同行或朋友，讓他們審查你的履歷表，並提供建議和意見回饋。他們能夠提供有用的意見和建議，幫助你改善履歷表，並且增加面試機會。

· 測試你的履歷表對目標職位的匹配度：將你的履歷表與目標職位的要求進行比對，看看你的履歷表是否符合要求，是否能夠凸顯你的專業能力和成就，是否能夠引起面試官的興趣。如果不符合要求，你需要對履歷表進行修改和優化，以符合目標職位的要求。

· 測試你的履歷表的易讀性和可讀性：讓他人閱讀你的履歷表，看看他們能否理解你的專業技能和經驗，是否容易閱讀和理解。如果存在理解困難的地方，你需要對履歷表進行修改和優化，以增強易讀性和可讀性。

· 將自傳與履歷表相互搭配：這是一體兩面，兩者必須相互搭配，以突出你的專業能力和成就。你需要確保你的自傳能夠突出你的專業素養和熱情，並且與履歷表相互匹配。這樣能夠增加你的履歷的吸引力和說服力，同時提高面試機會。

總之，在 T - Test（測試策略）的階段，恩熙需要利用專業人士的意見、比對目標職位的要求、增強易讀性和

可讀性以及求職信和履歷表的相互匹配等方法，測試自己的履歷策略，以確保面試官會對你的履歷表感興趣，進而願意安排面試。

最後，在 A－Act（執行計畫）的階段，恩熙又該如何執行自己制定的計畫，並監控履歷表的有效性和可行性呢？

此時，恩熙需要按照自己所制定的策略執行計畫，並且監控你寫好的履歷表的有效性和可行性。以下是給恩熙的一些建議：

- 執行你的策略：你需要按照策略執行計畫，例如建立一個優質的作品集、參與社群活動等等。確保你的行動能夠突出你的專業能力和成就，並且提高你的知名度和競爭力。

- 監控你的履歷表的回饋：需要監控你所收到的履歷表的意見回饋，例如收到的面試邀請、回饋和評價等等。根據這些回饋，你可以了解你的履歷表的有效性和可行性，並進行調整和優化。

- 更新你的履歷表：你需要藉此反映你的最新成就和經驗，例如更新你的作品集、新增你參與的社群活動等等。這樣能夠讓你的履歷表始終保持最新和最具競爭力。

- 尋求回饋和建議：尋求他人的意見和建議，例如你的同事、朋友或專業人士，讓他們評價你的履歷表，提出建議和改進。這樣能夠幫助你發現你可能忽略的地方，並且提高你的履歷表的品質和效果。

總之，在 A - Act（執行計畫）的階段，要請恩熙按照你自己所制定的策略執行計畫，並且監控你寫好的履歷表的有效性和可行性。透過不斷更新你的履歷表、尋求回饋和建議、監控回饋等方式，能夠讓你的履歷表始終保持最新和最具競爭力，同時提高你的知名度和競爭力。

謝謝你的協助！最後，可否請你根據「VISTA 提問法」統整一下，為恩熙設計一份完整的 UX 設計師的經典履歷表呢？謝謝！

當然可以！以下是使用「VISTA 提問法」來發想和設計一份 UX 設計師的履歷表的流程，希望能夠對恩熙有所幫助。

V - Visualize（想像願景）

作為一位 UX 設計師，我的願景是將我在 UX 領域中的專業知識和技能應用於真正影響人們生活和工作方式的產品中，並持續推動產品和行業的發展，創造更好的使用體驗。

I - Identify（確定問題）

在履歷表中，我需要確定問題或挑戰的具體描述，以及所需要的解決方案所需的更多資訊。例如，如何突出我的專業知識和技能、如何展示我在 UX 設計方面的成就、如何吸引面試官的注意力等。

S - Strategize（制定策略）

在履歷表中，我需要制定一個具體的解決策略，以應對我所確定和確定的問題或挑戰。具體策略可以包括：

建立一個清晰且專業的樣式和版面設計，以突出我的專業素養和吸引力。強調我的 UX 經驗和技能，並結合實際案例和成就進行展示。此外，也需要突出自我的人際交往和溝通技能，以及我在團隊合作和領導方面的經驗。同時，還要優化關鍵字和標題，以便能夠獲得面試官的青睞。

T - Test（測試策略）

在履歷表中，我需要測試自己所制定的策略，以確保它可以有效地解決我所確定的問題或挑戰。具體測試策略可以包括：

分享我的履歷表給專業人士，並收集他們的意見和建議。使用履歷表分析工具，以確定我所使用的關鍵字和標題是否能夠引起招聘人員的注意。在求職平臺和社群

媒體上分享我的履歷表，以觀察它的回饋和吸引力。

A - Act（執行計畫）

在執行計畫的階段，我需要按照我的策略的設計，撰寫出一份完整的 UX 設計師的經典履歷表。

　　以下就是 ChatGPT 幫恩熙所撰寫的履歷表範例：

履歷表標題：UX 設計師

自我簡介：

我是一位具有五年工作經驗的設計師，擁有豐富的使用者研究和 UX 設計經驗。我致力於將專業知識和技能應用於真正影響人們生活和工作方式的產品中，並持續推動產品和相關行業的發展，為廣大的客戶創造更好的使用體驗。

專業技能：

・　精通使用者研究和設計思維，擅長 UI/UX 設計和原型製作。

・　擁有豐富的工作經驗，能夠有效地管理和組織專案。

・　熟悉 HTML、CSS 和 JavaScript 等網頁設計技術。

・　優秀的人際交往和溝通技能，能夠在跨國、跨文化

的環境中工作。

工作經驗：

- UX Designer, ABC 公司（2018 年 - 目前）
- 設計並優化 5 款產品的 UI 和 UX，提高了使用體驗和客戶滿意度。
- 負責產品的設計和開發，包括原型製作、用戶研究和測試等。
- 使用 Sketch、InVision 和 Adobe Creative Suite 等工具進行設計和製作。
- UX Designer, XYZ 公司（2016 年 - 2018 年）
- 設計並優化 3 款產品的 UI 和 UX，提高了使用體驗和客戶滿意度。
- 負責產品的設計和開發，包括原型製作、用戶研究和測試等。
- 使用 Sketch、InVision 和 Adobe Creative Suite 等工具進行設計和製作。

教育背景：

- 工業設計學士學位，某某大學（2012 年 - 2016 年）

- 人機互動設計碩士學位，某某大學（2016 年－2018年）

其他技能：

- 熟練使用 Photoshop、Illustrator 和 InDesign 等設計 軟體。

- 熟悉使用 Agile 和 Scrum 等開發方法論。

- 擅長管理時間和各種專案，具有良好的組織和協調 能力。

專業成就：

- 獲得某 UI/UX 設計比賽的冠軍。

- 設計的產品獲得客戶高度評價，並被多次報導和 分享。

- 帶領團隊完成一個人機互動設計的專案，並獲得良 好的評價。

可以請你再提供一份英文履歷表給恩熙參考嗎？

當然，以下是一份英文版的 UX 設計師履歷範例，供恩熙參考：

Resume Title: Senior UX Designer

Summary:

I am a Senior UX Designer with over 8 years of experience in creating intuitive and delightful digital experiences for global brands. I have a passion for user-centered design, and I am constantly seeking to innovate and create unique solutions to complex problems. My extensive experience in UX research, prototyping, and design has allowed me to work on a wide range of projects, from mobile apps to enterprise software.

Professional Skills:

Expert in user research, user-centered design, and usability testing.

Proficient in design software such as Sketch, Figma, and Adobe Creative Suite.

Experienced in creating wireframes, user flows, and prototypes.

Strong collaboration and communication skills, able to

work with cross-functional teams.

Work Experience:

Senior UX Designer, Adobe Inc. (2017 - present)

Lead the design of the Adobe Creative Cloud mobile app, resulting in a 25% increase in user engagement.

Conduct UX research and usability testing to improve the user experience of Adobe's products.

Work collaboratively with product managers, engineers, and other designers to deliver high-quality designs on time.

UX Designer, Google Inc. (2014 - 2017)

Contributed to the design of the Google Play Store, resulting in a 20% increase in user satisfaction.

Conducted user research and created wireframes and prototypes for various Google products.

Worked with cross-functional teams to ensure design solutions aligned with business goals.

Education:

Master of Science in Human-Computer Interaction, University of California, Berkeley (2012 - 2014)

Bachelor of Arts in Communication Design, San Francisco State University (2008 - 2012)

Certifications:

Certified Usability Analyst (CUA), Human Factors International

Certified Scrum Master (CSM), Scrum Alliance

Technical Skills:

HTML, CSS, JavaScript, and other web development technologies.

Familiar with Agile methodology, JIRA, and other project management tools.

Experience with motion graphics and animation design using After Effects and Principle.

Achievements:

Winner of the 2018 Awwwards for Best Mobile Design.

Contributed to the design of a mobile app that won the 2016 Google Material Design Award.

希望以上範例能對恩熙有所幫助,祝你順利應徵到理想的資深 UX 設計師職位!

第四節
銷售頁

　　說到銷售頁，相信你一定不陌生，其實這也就是大家時常在電商網站上所看到的 Landing page。在網路行銷的領域中，銷售頁可說是一個重要的角色，有的時候，也被稱為著陸頁或名單搜集頁面。換句話說，也就是當潛在用戶點擊廣告或者利用搜尋引擎搜尋某個關鍵字，廠商刻意為用戶所展示的特定網頁。

　　一般而言，這個頁面會顯示和所點擊廣告或搜尋結果連結相關的擴展內容，而且這個頁面應該是針對某個關鍵字做過搜尋引擎優化（SEO）的。

　　可想而知，許多業者之所以要設計銷售頁，自然是以銷售產品或服務為主要目的。所以，一個理想的銷售頁通常帶有明確的銷售意圖，希望可以藉此抓住目標受眾的注意力：除了吸引他們駐足觀看，更期待這群人能夠採取購買、訂閱、下載或捐款等行動。於是，我想考考 ChatGPT：設計銷售頁的時候，需要注意哪些重點？

- **鎖定目標客群**：了解你的目標客群是誰，他們的需求和痛點是什麼，並且設計銷售頁的內容和風格要符合他們的喜好。

- **簡單明瞭的設計**：銷售頁的設計要淺顯易懂，讓客戶能夠迅速瞭解你的產品或服務。要避免過度複雜或花俏的設計，以免分散客戶的注意力。

- **突出產品銷售重點**：將產品或服務的重點和優勢放在銷售頁的顯著位置，以便客戶更容易看到並理解。可以使用顏色、樣式或圖片等方式，來突出產品或服務的銷售重點。

- **清晰的行動呼籲**：在銷售頁的結尾處，要加入清晰明確的呼籲行動，引導客戶採取下一步行動。例如：可以加入「立即購買」或「訂閱」等按鈕，吸引目標客群採取行動。

- **具體的語言描述**：使用具體的、易於理解的語言來描述你的產品或服務，讓客戶更容易理解和信任你的產品。

- **清晰的價值主張**：在銷售頁中強調你的產品或服務的價值主張，讓客戶瞭解你的產品或服務如何滿足他們的需求或解決他們的問題。

- **測試和優化**：設計好銷售頁後，需要透過測試和優

> 化來提高轉換率。可以使用 A/B 測試、分析工具等
> 來優化銷售頁，進而提高客戶轉換率。

嗯，我很同意 ChatGPT 所提供的建議。事實上，一個有效的銷售頁不應該包含過量的資訊，而必須讓目標客群注意到產品的核心價值，並凸顯對他們有利的相關資訊。

所以，在設計銷售頁時，通常是採用相對簡單明瞭的視覺設計方式來聚焦，並透過影音、表單和行動呼籲按鈕等元素來吸引目標受眾的關注。

當你開始著手設計銷售頁時，別忘了以下的三個原則：

* 重視 Above the fold 的原則

  無論目標客群使用電腦或智慧型手機瀏覽銷售頁，我們都要把重點放在大家映入眼簾的第一個畫面。

  換句話說，不管採用文案、圖片或名人證言等方式來進行訴求，你都要設法把最吸睛的內容，呈現在最上頭的第一個畫面。如此一來，才能攫取潛在客群的注意力，讓人留下深刻的印象，也才有可能讓大家想要繼續了解相關細節。

- 提供吸引人的誘因

  根據國外的統計發現，有 48% 的銷售頁會提供多重的優惠，他們會運用限時或限量等行銷手法，來促使目標閱聽眾採取行動。當然，提供各種難得的好康優惠，也是推坑的好方法唷！

- 取得目標客群的資訊

  除了銷售的任務之外，銷售頁另外還有一個重要的使命就是取得目標受眾的資料。但我想提醒你，千萬不要太貪心，毋須一次就取得所有用戶的身家資料。

  因為當表單欄位從 11 個縮減到 4 個的時候，轉換率就會增加至 120%；換言之，第一次只要能夠取得目標客群的電子郵件即可，往後可以藉由不同活動機制的設計，再設法逐步取得其他的資訊。

  然後，我繼續詢問 ChatGPT：一個成功的銷售頁，通常具備哪些元素？

  - **引人入勝的標題**：一個好的標題能夠吸引客戶的注意力，讓他們繼續閱讀銷售頁的內容。

- **清晰的產品介紹**：銷售頁應該清楚地介紹產品或服務的功能、優點和價值主張，並且使用易於理解的語言來描述。

- **客戶評價和社會認同**：客戶評價和社會認同可以增加客戶對產品或服務的信任感，進而促進銷售轉換。

- **明確的行動呼籲**：銷售頁應該在結尾處加入明確的呼籲行動，引導客戶採取下一步行動，例如：立即購買或訂閱。

---

⑤ 小辭典 / 社會認同

　　社會認同是一種心理和社會現象，是指人們會模仿他人的行為來選擇在特定情況下的行為方式。這個名詞是由羅伯特・西奧迪尼（Robert Cialdini）在其 1984 年出版的《影響：科學與實踐》一書中所創造，該概念也被稱為資訊社會影響。

→ https://en.wikipedia.org/wiki/Social_proof

　　銷售頁的運作邏輯其實很簡單，也就是曝光、瀏覽和轉換。目前坊間有很多方便的銷售頁設計工具和服務，讓沒有網頁設計基礎的朋友也能容易上手！不過，設計好銷售頁，並把

它傳遞到目標受眾的面前之後，挑戰才真正開始！銷售頁真正的成敗關鍵，也就是在最後階段的轉換。

當你開始思考如何使用銷售頁來滿足貴公司的業務需求之際，請先別忙著動手設計網頁，而是要記住一件事，那就是在設計每個銷售頁的時候，我們都需要設定明確的目標和獨特的行動呼籲。

你可能已經發現了，ChatGPT 反覆提到行動呼籲（Call to Action）。所謂的行動呼籲，其用意就是希望激發目標受眾的內心想望，在看完銷售頁上頭的文案、影音之後，可以實際採取行動──好比希望消費者購買商品，或是捐款、捐血或參加活動等等。

想要設計簡潔有力的行動呼籲，可以先問自己幾個問題：

- 希望目標受眾做哪些事情？
- 如何確保目標受眾知道自己該做哪些事情？
- 目標受眾為什麼要接受指令做這些事？
- 他們可以從中得到什麼利益嗎？

換句話說，如果你希望從銷售頁獲得理想的轉換結果，就必須好好設計行動呼籲的號召用語。如果只是用一般的促銷手法或陳腔濫調來宣傳，效果很可能會不如預期，甚至收到反效果唷！

舉個實際的案例，你一定知道國際知名的影音串流平臺 Netflix 吧？我之前曾看過 Netflix 某一版的銷售頁，直至今日仍讓我印象深刻！網頁很簡短，一開始就不多說廢話，直接先來一段簡單粗暴的文案：

See what's next. Watch anywhere. Cancel anytime.

下面緊接著置入了一個大紅色的行動呼籲按鈕，直接送上好康：

Join Free for a month.

嗯，相信你馬上能夠理解它的訴求。意思是現在註冊 Netflix，就免費送你看一個月的優質影音節目。嗯，這個行動呼籲真的夠簡單，夠強大吧！

接下來，我請 ChatGPT 提供幾個不錯的銷售頁案例讓我參考，同時我還要求它用表格方式整理這些廠商的產品、關鍵字、特色與成功關鍵：

銷售頁	產品	關鍵字	特色	成功關鍵
Skyscanner	航班、酒店和租車	便宜的旅遊、方便的旅行預訂	提供便宜的旅遊、方便的旅行預訂和大量的用戶評價	提供方便的搜尋功能和大量的用戶評價，讓客戶能夠輕鬆找到合適的旅遊方案。
Deliveroo	外賣餐點	便利的外賣、優質的食物	提供便利的外賣服務和優質的食物選擇	提供方便的線上訂餐平臺和快速的外送服務，讓客戶能夠輕鬆享受美食。
Booking.com	旅遊住宿	方便、快捷、便宜的旅行預訂	提供方便、快捷、便宜的旅行預訂和大量的用戶評價	提供大量的用戶評價和方便的搜尋功能，讓客戶能夠更容易地找到合適的住宿。
Trello	任務管理工具	簡單的任務管理、團隊協作	提供簡單的任務管理和團隊協作工具	提供方便的任務管理工具和良好的團隊協作平臺，讓客戶能夠輕鬆完成工作。

銷售頁	產品	關鍵字	特色	成功關鍵
Glossier	美妝產品	自然、簡約的美妝產品	提供自然、簡約的美妝產品和客戶友好的網站體驗	強調產品的自然和簡約風格，並提供個性化的客戶服務。

　　ChatGPT 也不忘提醒大家：儘管這些廠商的行業別不同，所販售的產品也不一樣，但它們在銷售頁的設計上都掌握了基本原則：不但提供了清晰的產品介紹和行動呼籲，也展現了符合目標客戶需求的設計風格和價值主張。

　　這些案例，足以讓我們為自己的銷售頁設計找到可茲參考的靈感和思路。值得注意的是，每個產品或服務都有其獨特的賣點和目標客群，因此若想要設計一個成功的銷售頁，便需要深入了解目標客戶的需求和喜好，並根據這些資訊來設計出合適的產品介紹和行動呼籲。

　　接著，我請 ChatGPT 針對來自英國的 Deliveroo（https://deliveroo.co.uk）進行分析，為何會推薦我參考該公司的銷售頁？

Deliveroo 是一個在英國非常成功的外賣平臺,其銷售頁設計簡潔明瞭,吸引了大量的用戶。以下是對 Deliveroo 銷售頁成功之處的深入分析:

- **定位目標客戶群體**:Deliveroo 銷售頁的目標客戶主要是忙碌的城市白領和年輕人,這些客戶需要快速、方便、優質的外賣服務。因此,銷售頁的設計和文案都非常符合這些客戶的需求和喜好,能夠有效吸引和滿足目標客戶的需求。

- **簡單明瞭的介紹和行動呼籲**:Deliveroo 銷售頁的介紹和行動呼籲非常簡單明瞭,用戶可以迅速了解產品的優點和使用方法。銷售頁上使用了大量的高質量圖片和精簡的文字,讓用戶能夠輕鬆了解產品的特點和價值。此外,銷售頁的呼籲行動也非常明確,用戶可以迅速進行外賣訂餐,提高了產品的轉換率和使用率。

- **設計風格時尚簡約**:Deliveroo 銷售頁的設計風格非常時尚簡約,使用了明亮的紅色和白色作為主色調,並且使用了大量的高品質圖片和精簡的文字來展示產品特色和價值。整個銷售頁的設計風格非常符合年輕人的喜好和時尚感,能夠吸引更多的年輕用戶使用產品。

- **強調品質和用戶體驗**：Deliveroo 銷售頁強調產品的品質和用戶體驗，用戶可以輕鬆找到大量的用戶評價和餐廳資訊，並且可以根據自己的需求和喜好進行訂餐。此外，Deliveroo 銷售頁還提供了良好的客戶服務和配送保障，讓用戶能夠享受到更好的外賣體驗，提高了用戶的滿意度和黏性。

小辭典 /Deliveroo

　　戶戶送（Deliveroo）是一個英國線上點餐外賣公司，由美國籍臺裔人士許子祥（Will Shu）和 Greg Orlowski 創建於 2013 年。現在 Deliveroo 已經在英國、荷蘭、法國、比利時、愛爾蘭、西班牙、義大利、澳大利亞、新加坡、阿聯、香港等地展開業務。2020 年 4 月，Deliveroo 宣布終止在臺的營運服務，正式退出臺灣市場。

→ https://zh.wikipedia.org/zh-tw/ 戶戶送

　　看到這裡，我想你一定也很心動，想要打造既能吸睛又可以帶來轉換的銷售頁吧！

　　我請 ChatGPT 扮演一位專業的網站設計師，讓它來告訴我：如果要設計一個傑出的銷售頁，應該從哪裡開始？

- **公司概況**：請介紹一下貴公司的背景和目標受眾。這將有助於目標客群了解貴公司的獨特功能和優勢，以便設計吸睛的銷售頁。

- **產品描述**：請介紹一下你們產品的獨特之處和優勢。這將有助於目標客群理解你的推銷重點，以便在銷售頁中強調這些賣點。

- **行動呼籲**：當訪問者造訪你的銷售頁時，你希望他們做什麼？你是否希望他們購買產品、註冊電子報或閱覽其他內容？這將有助於打造一個有效的銷售頁，並鼓勵訪問者採取行動。

　　說到著手設計銷售頁，ChatGPT 所提到的三點，像是整理公司概況、釐清產品描述和建構行動呼籲，的確相當重要。除此之外，我還想建議你要先對銷售頁建立一番正確的認知。

　　首先，不急著打開電腦開始搜集資料。建議你先針對想像中的目標客群與銷售行為，構思一幅藍圖：設計一種便利的路

徑和絕佳的體驗，讓目標受眾得以透過社群連結、搜尋或網路廣告進入銷售頁，然後再按照先前所擬定的內容策略，逐一達成你希望他們採取行動的事情，好比購買商品、訂閱服務、註冊會員或索取資料等。當目標受眾採取這些行動，也就順利達成轉換了。

至於在銷售頁的設計方面，正所謂「一圖勝千文」，生動活潑的圖像和影音資訊可說是必備的素材了。我們除了要寫出具有說服力的文案，提供清楚的產品展示圖片也非常重要；當然，也少不了清楚且容易辨識的購買按鈕，再搭配令人怦然心動的文案與優惠價格，以便達到勸敗的效果。

整體而言，銷售頁的確很有效，也廣為企業界所採用。它並沒有那麼神祕，只要充分掌握產品資訊與消費心理，再擬定合理的內容策略，自然就能夠有效地幫我們將目標受眾轉化為實際客戶。

銷售頁的運作邏輯聽起來並不困難，但是當你開始動手設計的時候，可能就會發現箇中存在許多的細節，除了要注意文案寫作的部分，還得同時關注圖片、影音、表單以及行動呼籲按鈕等元素的配置。

而且在設計好銷售頁之後，通常還需要經過 A/B 測試的流程，測試市場的偏好與接受度，才會找到最佳的呈現方案。

　　在此，我也想提醒你一個重要觀念，那就是銷售頁是為了達成轉換而存在。所以，即便無法立即促成轉換，至少也要做到讓人產生好感或留下不錯的印象，願意填寫姓名、電子郵件或手機號碼等寶貴的個人資料。

　　簡單跟你分享過往我設計銷售頁的原則，希望對你有幫助：

- **要讓人一眼看懂你在賣什麼**？有些業者習慣在銷售頁裡面夾雜一堆資訊，若無法讓人很快就理解您想要銷售的商品，這樣成效可能不理想。此外，也應該把貴公司的品牌放在最顯眼的地方，讓人一目瞭然。

- **在銷售頁要有引人注目的標題**：如此一來，方能讓用戶願意停留在網頁上，並鼓勵他們採取行動。當然，也應該明顯標示您所提供的優惠、利益，讓人「心動馬上行動」！

- **置入精彩的影音簡介內容**：根據 SEJ 網站的調查，若能在銷售頁上插入一些精彩的影音內容，可望提高80% 的轉換率。所以，你也可以考慮在銷售頁置入一些精彩的影音。

- **置入簡單又強大的行動呼籲**：行動呼籲是激發目標受眾實際採取行動的一種模式，我們可以透過廣告橫

幅、圖片或文案來喚醒大眾的關注，進而驅動這群人採取特定的行動。

另外，我也提供幾個設計銷售頁的查核點：

- 銷售頁內容是否與目標受眾的需求相互吻合？
- 銷售頁內容是否有使用目標受眾的慣用詞彙來撰寫文案？
- 銷售頁內容是否有獨特的價值主張，可以吸引目標受眾？
- 銷售頁內容是否足夠簡單明瞭，能讓人不假思索地下單？

綜觀以上四點，不難發現共同的關鍵字就是**目標受眾**。當我們在著手設計銷售頁的時候，應該要把目標受眾擺在第一位，而不是以公司老闆的想法或產品銷售為出發點。

換句話說，**我們不只是透過銷售頁來展現貴公司的產品、服務情報，更應該讓大眾理解──究竟能帶給消費者哪些實質的利益和好處？**

簡單總結一下，當你開始設計銷售頁的時候，請謹記不是把網頁做得美輪美奐就好了，我們更需要考量，這個銷售頁是否具有說服力？能否達成原本賦予的使命？換句話說，也就是

要透過銷售頁來獲得目標受眾的理解、信任，以及達成最關鍵的行動呼籲。

　　只要你能夠掌握以上的原則，銷售頁就是一個可以幫你將流量順利轉化為訂單的行銷工具！

第五章

請 ChatGPT 當你的寫作教練

第一節
讓 ChatGPT 為你連上寫作天線

　　我是一位專門教寫作的講師，時常在公部門、企業以及大學院校開設寫作與行銷的相關課程；此外，我也曾經出版過幾本與寫作、行銷相關的書籍，像是《慢讀秒懂》、《內容感動行銷》以及甫於 2022 年 10 月出版的《文案力就是你的鈔能力》。當然，我猜想有些朋友可能也知道，我從 2019 年元月開始推出「Vista 寫作陪伴計畫」（https://course.vista.tw/courses/writing-companion-18），至今已推出 18 期了。

　　寫作對我來說，自然是不陌生的事，甚至可以說是一種日常，並非因為我的工作與寫作教學有關，而是我從小就喜歡閱讀和書寫。而有關「Vista 寫作陪伴計畫」的成立初衷，說穿了其實也很簡單！主要是因為我發現很多人未必喜歡寫作，卻因為各種原因而需要學習寫作，但是光看書或聽課，顯然無法滿足大家的需求——無論是想要學習撰寫商品文案、社群貼文、新聞稿、部落格或打造個人品牌，我都希望自己做一位稱職的寫作教練，可以陪伴大家一起精進寫作！

　　時光飛逝，轉眼過了四年多。這段日子以來，我已經陪伴了數百位的夥伴在寫作的道路上一起同行。當然，就學習寫作這件事來說，你有很多可以嘗試、練習的方法！好比可以不費力地在網路上找到很多免費的教學資源，或是購買其他老師所推出的寫作書籍或寫作課程，甚至是尋求一些厲害的寫作教練的協助。

　　儘管學習寫作的方法大同小異，不過就上課和請教練指導這兩種做法來看，在本質上仍有一些差異：如果你只想要知道一些寫作的技巧，那麼可以選擇自行買書來看，或者報名去聽一些老師所開設的寫作課；話說回來，如果你希望有人可以對症下藥，提供手把手的教學指引，那麼建議你最好可以找到一位值得信賴的寫作教練，讓他陪伴你一起前行。嗯，這樣的學習效果會更好！

　　古諺有云：「師父領進門，修行靠個人」，坊間琳瑯滿目的寫作課程往往受限於時間關係，多半僅能傳授一些寫作的原則和技巧，如果學習者自己不花時間和心思投入練習，往往只能學到皮毛，很難有長足的進步。所以，當初我在規畫「Vista 寫作陪伴計畫」的時候，會特別側重於學員的需求以及實際演練的環節。

　　基於服務品質以及投入心力的考量，以市場上的行情來

LINE 內容感動行銷社群 ▶

看，「Vista 寫作陪伴計畫」的確屬於比較高價位的教學服務。如果你暫時沒有太多的預算，卻又很想開始學習寫作的話，那也沒關係。嗯，除了買我的書來看之外，我還可以額外提供你兩個建議：

第一個建議，歡迎加入我在 LINE 上頭所開設的「內容感動行銷」社群（https://vista.im/content-marketing-line-community），和一千多位夥伴共同學習與成長。第二個建議，可以請 OpenAI 旗下的 ChatGPT 充當寫作教練，陪你一起踏上學習寫作的道路。當然，以上這兩個建議都是免費的！

說到寫作，你以前肯定上過作文課，但我猜想也許大家會對寫作教練感到有點陌生。簡單來說，我們可以將寫作教練視為是一位專業的寫作指導者，這個職務之所以應運而生，主要的目標是幫助學習者提高寫作技能，並從旁提供建議與回饋，以幫助他們達成寫作目標。

包括我在內的一些寫作教練，通常會做以下的事情：

- **提供寫作指導和建議**：寫作教練可以冷靜觀察，提供有關寫作技巧、結構和文法的指導和建議。
- **提供寫作意見回饋**：寫作教練能夠迅速閱讀學習者的作品並掌握進度，提供詳細的回饋，幫助他們精進寫作技能和風格。

- **協助建立寫作習慣**：寫作教練可以幫助學習者建立每天定期寫作的習慣，以協助他們提高寫作效率和品質。

- **提供寫作靈感和激勵**：寫作教練可以提供有關如何獲得靈感、如何克服寫作障礙的方法，並且給予如何保持寫作動力的建議和激勵。

有句話說：「你不必很厲害才開始，而是開始之後就會慢慢變厲害了！」其實，學習寫作也是一樣的道理。如果你已經準備好了，現在就讓我請 ChatGPT 登場，讓它陪你一起踏上寫作的征程吧！

臺灣人工智慧實驗室創辦人杜奕瑾曾說過：「面對 ChatGPT，你不需要跟它競爭，而是用它創造更大的價值。當然，也不要全盤相信它的話，請把它所提供的資訊當參考。」

說到 ChatGPT，它不只是能夠幫你寫詩、算數學或者是教你寫程式，我們當然也可以請它充當寫作教練，幫你連上寫作的天線。仔細想想，如果我們請 ChatGPT 來扮演一名寫作教練，它可以提供的協助還不少哩！

如果我們請 ChatGPT 擔任寫作教練，除了上述提到的四件事情之外，它還能夠提供以下的服務：

- **分析寫作風格**：ChatGPT 可以針對學習者的文章進行拆解，分析寫作風格以及優、缺點。

- **出題練習寫作**：ChatGPT 可以提供各種寫作練習與測驗，包括寫作挑戰和測驗、練習，以幫助學習者養成寫作技能與建立寫作習慣。

- **提供寫作資源**：ChatGPT 可以提供有關寫作工具、書籍、網站和其他資源，同時還可以提供寫作建議。

眾所周知，想要學好寫作，最好也最簡單的方法就是立刻開始寫。找一個自己喜歡的主題，開始寫下你的想法，嘗試不同的寫作風格和技巧，並不斷練習。

嘿，你想要連上寫作的天線，開始接收靈感的訊號嗎？以下是一些立刻可以開始著手進行的步驟，建議你現在就試試看：

- **確定寫作目標**：首先，你需要確定自己想要達到的寫作目標為何？舉例來說，你是想要在媒體發表小說、散文或新詩等藝文作品嗎？還是想寫部落格或經營自媒體呢？抑或是想要撰寫其他類型的文章？所謂「謀定而後動」，事先想清楚自己的寫作動機與目標，有助於 ChatGPT 能夠更好地為你量身提供客製化的寫作計畫。

- 建立寫作習慣：對於想要學好寫作的朋友來説，最重要的步驟就是堅持練習。建議你參考知名暢銷書《原子習慣》的做法，為自己建立一個簡單但能夠持續的寫作習慣，以自由書寫的方式開始，每天堅持寫一點東西，這是成為優秀寫作者的關鍵之一。

- 閱讀和思辨：浸淫書海之中，大量涉獵名家作品，並鼓勵自己開始思考、拆解與輸出，這是成為一名優秀寫作者的另一個重要因素。透過閱讀優秀作品的方式，你不但可以學習到眾多作家們卓越的寫作風格、結構和技巧，並可藉由與作者對話的方式，提高寫作水準，進而建構自己的觀點與寫作框架。

- 接受寫作回饋：在學習寫作的道路上，我們應該虛懷若谷。千萬別害怕聽取他人的評論，唯有虛心接受各種寫作的意見回饋，才能讓自己真正地成長，迅速精進寫作技巧。你可以請朋友或寫作社群、讀書會的夥伴閱讀你的作品，提供一些具有建設性的回饋；此外，當然也很歡迎你與我聯繫，我們可以一起討論，我很樂意提供建言。

- 保持開放心態：寫作是一種生活態度，也是一個不斷學習和發展的過程。想要成為一名優秀的寫作者，除

了在專業領域充實自我與積累之外，更需要不斷探索、實驗和感受生活。保持成長思維與開放心態，讓自己成為一個樂於學習新技能的學習者，這將能夠幫助你成為一位更棒的寫作者。

嗯，現在就讓我們開始吧！

第二節

讓 ChatGPT 聽懂你的提問

　　除了因為流量過載而造成偶爾當機的現象，ChatGPT 並不會輕易罷工，平常也很有耐心，的確可以成為我們的好幫手。不過，如果你想要讓 ChatGPT 充當自己的寫作教練，有一個重要的前提：那就是要讓它聽得懂你的話。

　　一言以蔽之，重點就是：**不要問 ChatGPT 能為你做什麼，而是要問你希望它可以幫你做什麼？**

　　既然我們都已經知道，ChatGPT 是一個擅長與人類對話的 AI 聊天機器人，所以怎麼跟它互動就很重要了！先前，我曾經在多場的 AI 寫作講座中跟聽眾朋友們提過：過往，大家都很習慣使用關鍵字的思維來搜尋資訊，意思是只要輸入的關鍵字不要偏差太多，多半都會歪打正著！

　　然而，現在已經進入了 AI 時代，當我們需要與 ChatGPT 對話的時候，光是輸入關鍵字可能還不夠，我們還需要提供更多的問題脈絡和參考資訊，以免它無所適從。

　　換句話說，提問本身就是一個學問。我們都知道溝通、表

達很重要，然而過去如果沒有這方面的需求，也許我們不太會關注如何精準提問？也因為很少受過這樣的訓練，所以大家普遍不大懂得提問的技術。但是，當我們進入 AI 時代之後，**學會如何精準提問及有效地溝通、表達，也就顯得更加重要了！**

誠然，搜尋引擎陪伴你我成長，我們大多數人都是從搜尋引擎的時代過渡而來的，但是有件事情你必須認知：現在我們所身處的 AI 時代，已經和過去不太一樣了！未來，我們將無可避免去跟各式各樣的 AI 聊天機器人打交道，因此當你的腦中萌發一個問題的時候，首先要做的第一件事情，可能不再是輸入關鍵字了，而是得要先思考！

話說回來，如果你想要省力且有效地得到答案，那我們就需要好好思考，甚至「以終為始」，反過來思考：

究竟自己希望得到怎樣的線索與答案？

換言之，我們不能像過去一樣，以為輸入幾個關鍵字，就可以得到正確的答案了！如果你想要學好寫作，光是問 ChatGPT「**我該如何學寫作？**」，倘若你真的這樣發問，猜猜看它會如何回應你？

如果你想要學習寫作，以下是一些建議：

· 閱讀：閱讀是學習寫作的最佳方式之一。閱讀不同
　類型的書籍和文章可以幫助你發現寫作的風格、技
　巧和文體。請閱讀寫作指南、文學作品、新聞、文
　章等等。

· 寫作：練習寫作是進步的關鍵。一開始可能會覺得
　不知道從何開始，但寫作是一個需要練習的過程。
　你可以開始寫日記、筆記、隨筆或者短文等等，盡
　量每天寫一點，以增強自己的寫作能力。

· 選擇一個主題：當你想開始寫作時，選擇一個主題
　是很重要的。這可以讓你更專注於寫作的主題，並
　讓你的文章更具有條理和組織性。

· 撰寫大綱：撰寫大綱可以幫助你組織思維，梳理文
　章的結構，並使你的寫作更具有邏輯性。在大綱
　中，你可以列出文章的主要部分、段落和要點，這
　有助於你更好地理清寫作思路。

· 編輯和校對：在你完成寫作後，請花時間編輯和校
　對你的文章。這可以幫助你更好地修正和改進你的
　文章，使其更加完美和易讀。

· 學習文法和寫作技巧：學習文法和寫作技巧是寫作
　中很重要的一部分。你可以閱讀相關的寫作指南和

書籍，也可以參加寫作課程和工作坊來提高自己的寫作技能。

總之，學習寫作需要時間和練習，不要怕錯誤和失敗，把握時間不斷練習，你的寫作技巧一定會獲得顯著的提升。

看完以上 ChatGPT 的回應，你不難發現：它所提供的方法和資訊都是正確的（至少乍看之下沒有什麼不對的地方），但問題是這樣的回應可能是比較簡單且隨興的，對於有心想要學習寫作的朋友來說，幫助可說是極其有限的。

如果你不懂得提問的技術而亂問一通，ChatGPT 為了回應你的問題，很有可能隨意從語料庫裡查找或拼湊資料，這樣你反而要花更多時間去查核事實，其實是不大有建設性跟相關效益的。

有人說 ChatGPT 是一個答案引擎，也有人說它是新世代的 Google……，總而言之，它畢竟不是類似 Google、百度等目前市場主流的搜尋引擎。所以，你最好可以先構思一個提問的框架，再按照這樣的架構來發問。

簡單來說，你可以分成以下的三個階段來提問：

• 先用提問方式幫助 ChatGPT 去探索，了解問題本身

的意涵。

- 然後，再從與它的對話中去釐清問題的相關脈絡。

- 最後，再給予一個框架去聚焦問題，進而找到自己需
  要的答案。

如果你願意按照這樣的流程來嘗試的話，應該會發現這個提問過程很有意思，而且是循序漸進的。更有意思的是，這種提問方式與過去的搜尋模式不太一樣！

舉例來說，過去你想搜尋一些學習寫作的參考書籍，你可能會輸入「文案寫作、書單、推薦」，立刻會有一大堆資訊馬上跑出來！但是，現在如果你想請 ChatGPT 擔任寫作教練的話，我會建議你先思考自己想要得到的答案方向，然後再限縮範圍……。是的，也就是讓它有一個架構可以慢慢去聚焦，這樣可以幫助你得到更為精準的答案。

「電腦玩物」站長 Esor（異塵行者）也曾提到，可以按照**目的優先**、**輸入資料**與**設定輸出**等三層提示語結構（https://www.playpcesor.com/2023/04/chatgpt-9-ai.html）來與 ChatGPT 互動，其實也有異曲同工之妙。

如果你要構思提問的指令，不妨可以從以下幾個步驟開始：

- **確定指令的目的**：想清楚你想提問的問題究竟是什

麼，是為了解決什麼問題，或者想要完成什麼任務？

- **搜集和分析數據**：搜集相關數據，並對數據進行分析，從中發現用戶可能會問的問題，以及他們的問題背後的需求和目的。

- **設計指令的結構和內容**：可以根據目的和數據分析的結果，來設計指令的結構和內容，確保它們能夠引導用戶完成目標任務或解決問題。

- **測試和優化指令**：經過多番的測試與迭代，並收集來自 ChatGPT 與讀者的回饋，據此進行優化和改進。

除此之外，善用 5W1H 分析法（又稱「六何法」），也是一個不錯的方法，歡迎大家可以試試！有興趣的朋友，可以參考《維基百科》的介紹（https://zh.wikipedia.org/zh-tw/六何法）。

🌀 Vista 寫作教室 / 如何有效地跟 ChatGPT 提問？

我幫大家整理一下提問的幾個重要步驟：

你可以請 ChatGPT 去扮演某個角色，像是一位寫作教練、企業講師，或是一位旅遊達人。

你要用簡單易懂的方式給 ChatGPT 明確的指示，告

訴它你希望輸出的內容是什麼？

　　你要限縮 ChatGPT 回答的領域與範疇，避免它脫稿演出。你可以要求 ChatGPT 用表格來整理答案。一來透過表格的呈現簡單易懂，二來表格內容也很方便直接轉製到文件或簡報中。

　　在此，我要為你介紹由一位日本人深津貴之（https://twitter.com/fladdict）所提出的「深津式提問框架」（深津式汎用プロンプト），可藉此增加提問的品質與效率。

　　說來莞爾，過去一提到「深津」這個日本人的姓氏，可能很多人會立刻想起日本大分縣大分市出身的女演員深津繪里。她演過很多膾炙人口的日劇跟電影，像是《惡人》、《大搜查線 2，封鎖彩虹橋》、《宛如阿修羅》等等。

　　不過，現在提到深津，可能也有一些人會想到深津貴之。嗯，誰是深津貴之呢？他是日本知名的內容平臺 note.com 的經驗長（CXO），是一位擅長設計使用者行為的設計師。

---

⑤ 小辭典 / 經驗長

經驗長（英文：Chief Experience Officer；縮寫：CXO），是企業中一個以完整的使用者經驗（UX）為主體，並為使用者介面（包含消費者、市場、社群、公司內部與人力資源協調以及投資者協調等）做完整的產品與服務規畫策略而負責的主管。

嗯，什麼是「深津式提問框架」呢？在 note.com 所舉辦的某場論壇（https://www.youtube.com/watch?v=ReoJcerYtuI）中，深津貴之接受 note.com 製作人德力基彥訪談時提到，如果大家能夠運用他所慣用的提問架構，將有助於讓 ChatGPT 更精準地回答問題：

---

⑤ 小辭典 / 深津式汎用プロンプト

命令書：

あなたは、プロの編集者です。

以下の制約条件と入力文をもとに、最高の要約を出力してください。

制約条件：

・文字数は 300 文字程度。

・小学生にもわかりやすく。

・重要なキーワードを取り残さない。

・文章を簡潔に。

入力文：

　＜ここに入力文章＞

出力文：

　あなたの仕事が劇的に変わる !? チャット AI 使いこ
なし最前線

看不懂日文嗎？沒關係，我請 Google 大神幫忙翻譯成中文。簡單來説，「深津式提問框架」也就是：

請你扮演一個專業的編輯，根據以下的指令限縮和輸入句子來輸出最佳的摘要：

約束：

・字數約 300 字，要讓小學生也能輕鬆理解。

・不要留下重要的關鍵詞，並請保持句子簡潔。

輸入語句：

　＜在此輸入文字＞

輸出語句：

　　如果要我以一個寫作教練的角度來看，我覺得深津貴之所倡議的這個提問框架還滿有道理的。不要輸入太長的文字，這一點我同意。

　　此外，根據美國史丹佛大學米哈爾・科辛斯基（Michal Kosinski）教授在 2023 年 2 月最新發表的研究發現，ChatGPT 的心智理論能力（Theory of Mind），已經與九歲小孩相同！所以，我們提問的內容如果能夠讓小學生易於理解的話，自然 ChatGPT 也可望秒懂。嗯，這一點我也覺得很重要。

　　有關「深津式提問框架」，我幫大家整理出六個步驟，有興趣的讀者朋友可以參考一下：

深津式提問框架的奧義

Step 1 要清楚定義角色。	**Step 4** 可善用淺顯易懂的語言及表格來說明。
Step 2 明確指示輸入與輸出。	**Step 5** 可善用條列方式給予清楚的指令。
Step 3 清楚說明希望輸出的內容。	**Step 6** 盡量限縮 AI 聊天機器人輸出回答的範疇。

整理：鄭緯筌　　Vista Cheng
https://www.aiwriting.today

深津式提問框架的奧義

　　先前我在幾場公開的 AI 寫作講座中也有提到，我們每個人都可以設計、開發一套自己慣用的提問框架。當然，我也鼓勵大家試試看！至於為何要採用「深津式提問框架」，我覺得運用這樣的架構，有助於我們迅速校準與聚焦。對我來説，使用深津貴之所倡議的提問框架，不只是掌握一套指令、祕技，而是獲得了一種抽象且可應用的技能組合。

　　舉例來説，如果我想要講一個比較有娛樂性、想像力，能夠引人入勝的床邊故事，給某個六歲小男孩聽，那麼該怎麼做呢？是的，我們當然可以請 ChatGPT 代勞囉！

I want you to act a storyteller. You will come up with entertaining stories that are engaging, imaginative and captivating for the audience. My first request is "I need to tell a bedtime story for 6-year boy".

Please translate the story to traditional Chinese.

　　ChatGPT 一接到指令，馬上就開始構思床邊故事了……

Of course! Here's a bedtime story for a 6-year-old boy:

故事的開始

從前，有一個叫湯姆的男孩。他非常喜歡探險和尋找寶藏。一天，他聽說了一個神祕的島嶼上有一個寶藏，於是他決定前往尋找。

湯姆爬上了一艘小船，向著那個島嶼的方向駛去。當他到達那個島嶼時，他發現了一個瀑布和一個洞穴。他想，寶藏可能就在洞穴裡面。

於是，湯姆決定探索洞穴。他走了一段路後，發現了一堆閃閃發光的寶石。他興奮地撿起了其中一顆，但突然聽到了一個聲音：「不要碰那顆寶石！」

湯姆回過頭去，看到了一個小精靈。小精靈告訴他，這個島嶼上的寶藏是被一個邪惡的巨人保護著，而這些寶石是巨人的眼淚，因為他非常寂寞。

湯姆聽了以後覺得很同情巨人，於是他決定幫助巨人找到一位朋友。他回到了小船上，航向了一個新的島嶼。在那個島嶼上，他遇到了一個孤獨的小女孩。他邀請她來到那個島嶼，成為巨人的朋友。

當湯姆和小女孩回到那個島嶼時，巨人非常高興，他從此再也不會孤獨了。為了感謝湯姆和小女孩，巨人讓他們帶走了那個島嶼上的所有寶藏。

> 最後，湯姆和小女孩一起回到家，分享了他們的冒險經歷，並成為了永遠的好朋友。
>
> 故事的結尾
>
> 祝你晚安，做個好夢！

　　看到上面這個充滿冒險精神的床邊故事，不知道你是否滿意呢？我們可以依樣畫葫蘆，按照類似的邏輯，給 ChatGPT 一些指示、想法。

　　我想對於家中有小朋友的爸媽來說，如果現在要你立刻講一個精彩的床邊故事給小孩聽，你可能還得絞盡腦汁，想一下到底要講什麼故事吧？畢竟，現在很多小朋友都很機靈、聰明，如果隨便敷衍了事，可能還會被小傢伙抗議呢！

　　這時，不妨就可以請 ChatGPT 充當一下神隊友，讓它來幫你構思一個有趣的床邊故事……，嗯，仔細想想，還滿有意思的呢！

　　說個題外話，我曾把請 ChatGPT 說床邊故事的經歷寫成文章，張貼到我的網站「今天就要學會的 AI 寫作」（https://www.aiwriting.today/productivity/ask-chatgpt-with-fukatsu-prompt/），結果得到好幾位媽媽讀者的迴響。她們告訴我，唸了這篇故事給小朋友聽，大家都聽得津津有味，還

不斷追問「後來呢？」，真是有趣！

　　當然，ChatGPT 的能耐不只是這樣。各位不妨想想看，無論你是在哪個行業服務，像是科技業、出版業、零售業或是做電商……，那麼，我們是否可以請 ChatGPT 充當寫作教練或行銷顧問，協助設計一個厲害的銷售文案或是具有溫度、情懷的客服腳本呢？嗯，我想這一切都是可行的喔！

　　當你在和 ChatGPT 交談時，應該採用怎樣的策略，才能讓它更容易理解你的提問呢？以下，是我的一些建議：

- 　提出簡潔明確的問題：ChatGPT 是一個自然語言模型，因此比較善於回答簡潔而明確的問題。如果你的問題過於複雜或包含多個問題，請分解成多個簡單的問題。這可讓它更好地理解問題，並提供更有價值的答案。

- 　運用簡單易懂的語言：使用清晰明瞭的語言，可以使 ChatGPT 更容易理解你的提問。使用正確的文法和標點符號，有助於消除任何可能的誤解或混淆。使用簡單的詞語，避免使用含糊或多義的詞語。

- 　確定具體的主題和內容：在問題的開始部分提供主題和內容，可以使 ChatGPT 更容易理解你的問題，並提供更有價值的答案。確定問題的主題和內容，有助

於它在提供答案時專注於相關的資訊。

- **避免使用雙關語或引申意義的詞語**：ChatGPT 可能會將某些詞語解讀為不同的意思，這可能導致混淆和不準確的答案。避免使用雙關語和引申意義的詞語，可以幫它更好地理解你的問題。

- **使用精準且收斂的問句**：使用問句可以使 ChatGPT 更容易識別你的問題，並且可以導致更明確的答案。例如，使用「什麼是寫作風格？」而不是「寫作風格是什麼？」，可以更清楚地表達你的問題。

請謹記：ChatGPT 是一個機器學習的自然語言模型，而不是諸如 Google、百度等搜尋引擎。因此，它的回答取決於它學習的數據和訓練。

如果你不滿意 ChatGPT 的回答，也請不要因此感到灰心或挫敗！你可以休息一下、喝杯咖啡，然後試著重新提出問題，更改問題的詞語、結構或脈絡，以獲得更好的回答。

第三節
請 ChatGPT 擬定寫作策略

　　如果我們簡單地用二分法來區分寫作的型態，那麼寫作不外乎可劃分為文學性創作和非文學性創作。對大多數朋友來說，通常比較少有機會觸及藝文創作的範疇，反而是職場寫作或生活記事，和大家的關聯似乎比較密切。

　　一般來說，職場類型的寫作都帶有明確的意圖。以撰寫商品文案為例，假設今天你需要寫一篇有關銷售節能電冰箱的商品文案，除了事先掌握這款電冰箱的功能、規格與價格等資訊之外，還必須先找出商品與潛在客群之間的關係——可想而知，就採購一款新型節能電冰箱來說，一般上班族和家庭主婦對電冰箱的想法就大不相同！

　　道理很簡單，因為大家主要的著眼點不同。對廣大的上班族朋友來說，他們對電冰箱的需求雖然也很明確，但多半只要方便、省事就好。但是，對於那群精打細算的婆婆、媽媽們而言，在採購時不但腦海中的小劇場演過一遍又一遍，她們還會考量怎麼樣才冰得多？但又不會浪費電！

　　我在教寫作的時候,都不忘提醒大家:當你順利掌握目標受眾的特性與需求之後,請記得還要換位思考,設身處地為他們著想。不只是理解這些潛在客群的需求和苦惱,更要用同理心來揣摩和感受這群目標受眾的真正想法!

　　在找出箇中的關連之後,自然就比較容易思考該用哪些素材來產製內容?用哪種語調來寫作?以及,該如何呈現自家商品或服務的賣點?

　　最後,再慎選發布內容的管道,像是透過官網、粉絲專頁或是投放關鍵字廣告比較有效?抑或是找網紅代言的效益會更大,甚至更來得粗暴、簡單?

　　我在《文案力就是你的鈔能力》一書中,曾為讀者朋友們介紹過「FABE 銷售法則」。簡單來説,也就是建議大家可以透過 F(Features,特性)、A(Advantages,優點)、B(Benefits,利益)、E(Evidence,證據)等四個環節的説明,將有用的資訊呈現在目標受眾面前,藉此達成銷售目標。

- Features(特性):從產品的特性和特質談起,介紹貴公司的產品具有哪些特色,而且最好是其他競品沒有的;更重要的是,這些特點可以如何滿足潛在顧客的需求?我們必須深刻洞察每項產品的產品力,除了功能、規格與價格之外,更要從不同角度深入探討。

- Advantages（優點）：從產品特性所延伸出來的面向，也就是這些特徵為該產品所帶來的優勢。特別是在跟同類型產品比較時，能夠具體呈現更優越之處，如此一來才有機會說服目標受眾。

- Benefits（利益）：從產品優點繼續深入探索，這些優點能給目標受眾帶來哪些直接的利益或好處？相較於傳統從功能面切入，如今大家更偏好從利益的角度出發來推銷。換言之，透過強調顧客能夠得到的好處與利益，藉此激發目標受眾的關注與購買欲望。

- Evidence（證據）：光講產品可望帶來的利益還不夠，也許有些目標受眾還無法深信。為了證明貴公司的產品的確很卓越，不但具備了上述的特徵、優點以及帶給消費者的眾多好處，更要舉出真實的證據或口碑來佐證。

綜觀「FABE 銷售法則」與掌握目標受眾的習性等環節，其實也都跟寫作策略有很大的關係。如果你希望自己辛苦寫好的文章可以獲得更多人的青睞，我會建議你先擬定好寫作策略，然後再開始創作。

就我來看，寫作策略是指創作過程中的規畫、開發與管理等流程。換句話說，我們之所以需要寫作策略，其實也就是為

了創建、發布和管理有用的內容而做準備。

　　正所謂「內容為王」，內容可以說是內容行銷乃至於社群經營的核心。想要創建有價值且引人入勝的內容，就一定要借助寫作策略的力量來推動。包括社群編輯、文案作者在內的內容產製人員，心中都要有一幅很明確的藍圖，除了必須事先定義好將要發布哪些內容？面向哪些目標受眾？更必須很清楚知道這些內容，應該在特定的時間點透過某些通路發布？

　　那麼，目前有哪些好用的寫作策略呢？我試著尋求 ChatGPT 的回應：

> 寫作策略是指為提高寫作能力和效率而制定的一系列策略和方法。它可以幫助作者提高他們的寫作技巧和知識，更好地表達他們的思想和想法，並創作出更好的作品。以下是一些好用的寫作策略：
>
> · **預寫策略**：在寫作前進行預寫策略可以幫助作者更好地理解主題和內容，並找到最佳的表達方式。這些策略可以包括心智圖、大綱、簡述和草稿等。
>
> · **設定時間限制**：在寫作時設定時間限制可以幫助作者更好地集中注意力，避免拖延症，並提高寫作效率。例如，可以設定每天寫作一定時間或完成一定數量的字數等。

- **多次編輯**：多次編輯是一個有效的寫作策略，可以幫助作者發現並修正寫作中的錯誤和不足。例如，可以進行多次審校、修改和重寫等。

- **建立寫作習慣**：建立寫作習慣是一個重要的寫作策略，可以幫助作者培養良好的寫作習慣和工作紀律。例如，可以設定每天固定的寫作時間和地點，以便更好地集中注意力和創作。

- **讀寫平衡**：讀寫平衡是一個重要的寫作策略，可以幫助寫作者保持對不同文體和寫作風格的敏感性和熟練度。寫作者應該定期閱讀各種不同類型的書籍和文章，以提高自己的寫作技巧和風格。

- **客觀回顧**：作者應該學會客觀地回顧自己的作品，從讀者的角度來檢視和評價作品。這可以幫助作者發現自己的不足和盲點，並不斷改進和提高自己的寫作能力。

　　從上述說明來看，相信你可以理解：寫作策略是幫助寫作者提高寫作能力和效率的一系列策略和方法，若能充分了解和運用這些策略，就可以協助作者更有效地表達內心的思想和觀點，進而創作出更好的作品，並實現當初所設定的寫作目標。

　　在上述的六個寫作策略之中，大家可能對預寫策略比較

不熟悉。在此，我借用一點篇幅來介紹：所謂的**預寫策略**，是指在正式寫作之前，進行一系列的**思考、計畫、研究、組織和草稿撰寫等過程**，以便更好地理解和表達主題和內容。預寫策略可以幫助作家減少寫作時的迷茫和困惑，找到最佳的表達方式，並提高寫作效率和成果。

　　舉例來説，曾製作多部膾炙人口的動畫電影的皮克斯（Pixar）公司，就有一套實驗創意的方法。在電影開拍之前，他們會先給導演幾個月的時間去發想，找出電影的主題。導演會先寫出大約十二頁的大綱，具體而微地勾勒出整個故事的脈絡，試圖解釋相關背景與發展沿革，以及為何值得拍成電影的原因。

　　接著，導演會將這份大綱交給團隊的其他成員檢視，請他們給予回饋並提出問題，之後再基於這些意見重新撰寫大綱。他們會不斷重複這樣的過程，直到眾人認為內容夠清晰、明確，這時導演才會開始動手寫電影的劇本。

　　簡單來説，這樣的創意發想流程，其實就可視為是一種預寫策略的實踐。

　　接下來，我出了一個題目給 ChatGPT，請它幫忙規畫寫作策略：

我想要寫一篇有關 AI 時代如何正確運用 ChatGPT 來輔助寫作的文章，可以請你幫我規畫寫作策略嗎？在這篇文章裡，除了介紹 AI 時代的背景，以及 ChatGPT 的特色之外，我應該注意哪些事項？你會建議我多思考哪些主題、面向？如何規畫文章大綱？

　　這位稱職的寫作教練，果然不會讓我失望，很快就提供了一些寫作建議：

好的，以下是一些建議的寫作策略，以及你可以思考的主題和面向，以幫助你撰寫有關 AI 時代如何正確運用 ChatGPT 輔助寫作的文章：

首先，你可以從 AI 時代的背景和趨勢入手，介紹 AI 技術的應用和發展，以及 AI 對人們的生活和工作帶來的影響。可以闡述現今時代 AI 技術的崛起和發展，以及 AI 如何幫助人們更有效率地完成工作和生活。

其次，你可以介紹 ChatGPT 的特點和優勢，如何幫助作家提高寫作效率和品質。可以探討 ChatGPT 在文本生成、自動翻譯、問答等方面的應用，並分析其優勢和侷限性。

在寫作時，應注意確保文章結構清晰，邏輯流暢。可以使用大綱等預寫策略，先將思路和論述整理好，然後再

進行正式寫作。同時，要注意結合具體的案例和實際應用，讓讀者更好地理解和掌握 ChatGPT 的使用方法。

另外，可以思考一些其他的主題和面向，例如：ChatGPT 的發展歷程、ChatGPT 在不同領域的應用、如何借助 ChatGPT 來激發靈感、AI 寫作的著作權爭議和社會影響等等。

最後，文章應包括簡介、正文和結語三部分，簡介部分主要介紹文章的主題和意義，正文部分可以分為多個段落，每個段落介紹一個主題，結語部分可以總結文章的主要觀點和結論。

總之，撰寫一篇有關 AI 時代如何正確運用 ChatGPT 輔助寫作的文章，需要注意確保文章結構清晰、論述合理，同時要結合具體的案例和實際應用，使讀者更好地理解和掌握 ChatGPT 的使用方法。

看完以上有關寫作策略的建議，我感覺 ChatGPT 扮演寫作教練的角色也恰如其分，感覺很有模有樣呢！

如果你一時無法掌握重點，也別緊張！接下來，讓我來拆解一下 ChatGPT 所擬定的寫作策略，相信更能讓你理解相關的資訊：

- **主題面向**：AI 時代的背景和趨勢、ChatGPT 的特點和優勢、AI 寫作的著作權和影響。
- **文章結構**：簡介、正文、結語。
- **寫作要點**：文章結構清晰、論述合理、結合案例和實際應用。
- **目標讀者**：職場人士、對 AI 感興趣的族群、大學生。
- **寫作步驟**：先用大綱預寫策略、整理好思路和論述、搜集案例和相關資訊、動手寫作。

當然，除了以上的文字描述之外，我還可以用 Canva 繪製一張心智圖，讓你能夠更迅速且直觀地掌握寫作策略的重點。

只要我們懂得如何提問和求助，ChatGPT 不但可以成為一位稱職的寫作教練，也的確是日常生活中的好幫手。

對了，我還想提醒大家一件事。我們固然可以請 ChatGPT 幫忙擬定寫作策略，但是建議你不要把寫作的工作全數外包給它哦！一來，如果以後大家都請 AI 聊天機器人代筆操刀，那就沒意思了！二來，人的創造性思維極其可貴，如果你想打造個人品牌，或是希望自己的價值被彰顯，請謹記大家想看的是來自你的獨特觀點，而不是人云亦云的重複內容。

第四節
請 ChatGPT 分析寫作風格

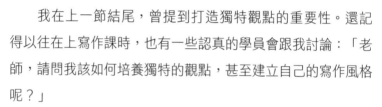

　　我在上一節結尾，曾提到打造獨特觀點的重要性。還記得以往在上寫作課時，也有一些認真的學員會跟我討論：「老師，請問我該如何培養獨特的觀點，甚至建立自己的寫作風格呢？」

　　嗯，這的確是一個大哉問。不過沒關係，如果你也有這樣的疑問，除了可以找我諮詢，當然也可以請 ChatGPT 幫忙囉！

　　說到寫作風格，《維基百科》告訴我們：寫作風格是指作者寫作時，用個人、所處的年代、學校或國家特有的語言風格表述文字內容的方式。

　　每個人的寫作風格往往不同，也各異其趣。不過，具有獨特寫作風格的作家即便匿名發表，很多讀者還是可以根據一些特徵得以辨識出來。就像大家一看到史蒂芬・金、村上春樹、宮部美幸或東野圭吾的作品，應該很容易辨認出來吧！

　　說穿了，也就是因為這些作家早已在字裡行間，融入了自

己的性格、趣味、思想、思維方式、價值觀、生活方式以及習慣等等獨特的屬性。

　　舉凡像是文章的結構、語言修辭、論證方法以及人物的描寫方法等，都足以展現出每個人不同的特色。而這些寫作特色表現在書寫文章的過程中，包括：下標、修辭與頭尾呼應等細節，也都能夠體現出自身的寫作風格。

　　讀到這裡，不知道你會不會感到好奇，為何創作者需要培養自己的寫作風格呢？

　　《寫作風格的意識：好的英語寫作怎麼寫》的作者史迪芬‧平克告訴我們：「風格，起碼能為世界增添美麗。對一個有文化修養的讀者來說，一個俐落的句子、一個扣人心弦的隱喻、一句幽默的悄悄話，以及一番優雅的措辭，是人生最大樂事之一。」

　　其實，大家不用把風格這件事情想得太複雜。誠然，我們每個人都是獨立的個體，所以自然也會有屬於自己的風格。換個角度想，風格其實是一件很簡單的事情，表現在寫作上，無論你感受了什麼、體驗了什麼，總會在字裡行間透露一些線索⋯⋯

　　娜妲莉‧高柏在她的《狂野寫作》一書中說到：「建立風格需要對自己有透徹的了解，因為風格來自內在⋯⋯」

她又進一步說明:「如果風格是消化如許生命經驗的產物,它不會只從頭腦產生,而應該會來自一個人的周身上下。」

我想,娜妲莉‧高柏的意思很明確了!每個人的生命,誠然都是一首充滿韻味的歌。

這也讓我想起之前幫《聯合報》【橘世代】規畫「寫自己的故事」的 6 堂線上寫作課(https://course-orange.udn.com/courses/story)時,我曾鼓勵所有學員要把握當下,寫下生命中的珍貴回憶。因為這些美好的生活經驗和回憶,都有機會可以轉化成帶有獨特風格的文字。

話說回來,如果我們能夠營造自己的寫作風格,除了可以加強溝通、表達的能力,更能夠讓文章更吸睛,也更引人入勝。

那麼,我們要如何打造自己的寫作風格呢?

首先,我要鼓勵你多看、多聽與多想。透過觀摩他人的作品,不但有助於增廣見聞,更能發現很多觀察事物的角度與方法。一開始在模仿中借鑑、在試錯中進步,同時也在創作中思考……。當然,這一切的努力都需要花很多的時間和精力來積累,但我相信慢慢地可以從中找到適合自己的寫作模式,然後再逐漸內化,變成自己獨有的特色。

當然，光是多看、多聽與多想還不夠，我們更需要刻意練習。除了大量書寫之外，我也要建議你，別一直停留在描述的階段。

好比新冠肺炎疫情逐漸解封之後，大家應該有比較多的機會出遊或者聚餐。當你在寫遊記或食記的時候，除了描述某家飯店或遊樂園的設施多好玩、或是哪間餐廳多好吃之外，可否請你先傾聽內心的聲音，試著從不同的視角出發呢？

與其用一堆華麗或者空泛的辭藻，去描述那些其實一點兒也不重要的細節，很多時候，讀者們真正需要的更簡單：**他們只是想要知道，每一位創作者的獨特觀點。**

換個場景來看，當我們在工作場域中分享自己所熟知的專業知識時，可不可以請你多舉出幾個實際的案例來佐證呢？又或者你可以運用說故事的手法來表達重點嗎？正所謂「一圖勝千文」，如果可以給文章配上一些吸睛的圖片或是精彩的圖表，也是不錯的做法。另外，像是近年來很流行的懶人包、知識圖卡等等資訊內容，往往也都能夠讓人耳目一新，迅速地掌握重點。

再來，你也可以試著找到那個「**屬於自己的句子**」。當你有一套自己的寫作邏輯和流程的時候，專屬於你的獨特寫作風格也就慢慢地就形成了……

　　想要打造寫作風格，要靠日積月累的練習，不是一朝一夕就能做得好的。所以，我一方面想提醒你要有耐心，另一方面也想鼓勵你刻意練習。嗯，讓我們一起來寫作和自我精進，好嗎？

　　現在，我們已經知道寫作風格的重要性了。接下來，我想請 ChatGPT 試著分析自己的寫作風格，並提供具體的寫作建議：

> 我可以分析您的寫作風格，並提供有關如何改進和提高您的寫作技巧的建議。
>
> 要分析寫作風格，我需要一些您的寫作樣本。您可以提供一篇文章或任何其他寫作作品，並告訴我您的寫作目的和受眾。有了這些資訊，我便可以更好地了解您的寫作風格並提供有關如何改進它的建議。

　　看起來，的確可以請 ChatGPT 幫我分析自己的寫作風格。但問題是我該怎麼提供寫作樣本呢？是直接在對話框中複製、貼上嗎？還是張貼文章網址？

> 如果您已經有一篇文章，您可以將其複製並黏貼到這個對話框中。如果您想要讓我閱讀一篇網上的文章，請提供網址，我會點擊它並閱讀該文章。無論哪種方式，請

確保提供足夠的上下文和背景資訊，以便我更好地理解
您的寫作風格和目的。

　　雖然 ChatGPT 言之鑿鑿，表明可以透過上述的兩種方式
提供寫作樣本。但是當我提供一篇自己在《經濟日報》所發表
的專欄時，我發現它答非所問，顯然以現階段來看，提供網址
這個方法並不可行。所以，我改絃易轍，直接把自己的這篇專
欄文章貼到對話框中。

　　我把自己在 2023 年 3 月 12 日發表於《經濟日報》的
這篇專欄「創業突圍 運用 Podcast 行銷」（https://money.
udn.com/money/story/122331/7026878）貼 到 對 話 框
中，果然 ChatGPT 很快就幫我抓出重點：

這篇文章主要介紹了一位餐飲業創業家如何運用
Podcast 行銷的成功案例，以及她在運用 Podcast 行銷時
的經驗和策略。

文章的風格輕鬆自然，讀起來十分流暢。作者以簡短的
段落呈現文章內容，並使用大量的引用和直接引述來補
充故事的細節，使文章充滿了生動感和可讀性。此外，
作者還在文章中提供了許多有用的策略和建議，對想要
運用 Podcast 行銷的讀者來說，這些內容非常有價值。

然而，這篇文章在有些地方可能需要進一步闡述。例如，文章沒有詳細介紹 Podcast 的概念和運作方式，這可能使那些對 Podcast 不熟悉的讀者感到困惑。另外，作者在提到林冠琳的製播節目歷程時，也沒有提供足夠的細節，例如她是如何學習錄音和後製剪輯的，這可能對那些想要開始 Podcast 行銷的讀者來說不夠具體。

基於以上觀察，我建議作者在撰寫類似的文章時，注意以下幾點：

- 介紹專業術語和概念時，需注意給讀者足夠的背景知識。

- 提供更多具體的細節，讓讀者能夠更好地理解作者所討論的主題。

- 確保文章有清晰的結構和邏輯性，這將有助於讀者更好地理解作者的論點和建議。

嗯，我不得不承認，ChatGPT 的確滿厲害的！短短幾秒鐘，就抓到了這篇專欄的精髓。

同時，針對 ChatGPT 回饋給我的幾點寫作建議，也的確有些參考價值，比方提醒我要給讀者足夠的背景知識，這個建議就滿不錯的！

　　只不過因為報社專欄有篇幅的限制，所以無法讓我暢所其言。不過，針對 ChatGPT 提出的幾點寫作建議，我倒是有把這些重點記錄到自己的靈感資料庫裡。未來有機會的話，我可以想想應該怎麼做會更好？

　　看完了我的示範，接下來輪你囉！你也可以依樣畫葫蘆，試著傳幾篇自己寫的文章請 ChatGPT 過目，並且請它為你提供具體的寫作建議唷！

---

⑤ Vista 寫作教室 / 請 Bing 分析寫作風格

　　我們除了可以請 ChatGPT 幫忙分析寫作風格，這件事也難不倒新版的 Bing 唷！我請 Bing 分析作家鄭緯筌（Vista Cheng）的寫作風格。

> 請問你知道作家鄭緯筌嗎？可以幫我分析他的寫作風格嗎？

> 你好，這是 Bing。我會盡力幫你分析鄭緯筌的寫作風格。不過，因為你的螢幕空間有限，我會盡量簡潔地回答你，並在適當的時候提出問題，讓你可以

更清楚地表達你想要知道的內容。

根據我的搜尋結果[1][2][3]，鄭緯筌是一位臺灣作家、專欄作家、企業講師與網路顧問，曾使用多個筆名對外發表文章。他的寫作風格可以用以下幾個特徵來描述：

· 他喜歡用生動活潑、口語化、幽默風趣的語言來吸引讀者的注意力。

· 他喜歡用自己的親身經歷、故事或觀察來闡述自己的觀點或想法。

· 他喜歡用比喻、隱喻、反諷等修辭手法來增加文章的深度和趣味性。

· 他喜歡用問句、引號、括號等符號來增加文章的互動性和親近感。

· 他喜歡用數字、資料或案例來支持自己的論點或建議。

[1] https://zh.wikipedia.org/zh-tw/ 鄭緯筌

[2] https://course-orange.udn.com/courses/story

[3] https://orange.udn.com/orange/story/121413/5607321

第五節
請 ChatGPT 潤色、修改文章

　　在本章一開頭，曾經跟大家提到從 2019 年元月開始，我推出了「Vista 寫作陪伴計畫」。這四年多來，我已經陪伴數百位夥伴踏上了寫作的征程。我不但提供各種寫作教學的指引，也時常幫忙批改學員們的文章，給予手把手的協助。

　　如果你需要我的顧問服務或任何協助，歡迎隨時和我聯繫，我很樂意提供一些免費的諮詢。在此之前，我們倒是可以先請 ChatGPT 充當自己的寫作教練。

　　說到請 ChatGPT 提供寫作建議，幫我們提升寫作的技能，在上一節的內容中，我提出了具體的作法：**好比把自己撰寫的專欄貼到對話框中，請 ChatGPT 幫我分析自己的寫作風格，同時請它給我一些寫作的建議。**

　　同樣地，如果你希望請 ChatGPT 幫忙潤色、修改自己的文章，同樣也可以依樣畫葫蘆。

　　我繼續以自己過去發表在《經濟日報》的專欄為例，為你說明可以如何請 ChatGPT 幫忙潤色、修改文章，並提供具體

的建議。

這回，我選擇了發表於 2022 年 11 月 6 日的這篇「攫取讀者注意力的訣竅」（https://money.udn.com/money/story/122331/6744398）專欄文章，請 ChatGPT 幫忙潤色與修改。對了，在此必須先跟大家說明：這篇文章的標題看起來比較簡潔，主要是有經過報社編輯修改，所以並不是我當初構想的原始標題。

原文如下：

攫取讀者注意力的訣竅

2022-11-06 經濟日報／鄭緯笙（Vista 寫作陪伴計畫主理人）

上回，我們談到了吸引眼球的關鍵行銷要素，包括：承諾、好奇以及數據。有讀者來信問我，到底該怎麼做，才能寫出讓人願意關注的標題？

前幾年，我曾經看過一篇報導，談到對岸作家咪蒙的下標方式：咪蒙的每篇文章，何以能締造「十萬 +」的高點閱率呢？而她和她的團隊都做了哪些事呢？首先，咪蒙會一口氣先寫出五十個不同的標題，然後將這五十個標題放到五千個人的微信群中進行投票，由社群的成員們共同選出最好的標題。

之後，咪蒙再以雀屏中選的標題正式對外發表文章。嗯，你以為這樣就結束了嗎？其實不然，她的團隊最後再根據網友對此篇文章的回應，正式再寫出一篇長達一萬字的追蹤報告。

嗯，看到這裡，你也許會覺得有些詫異：不過是寫一篇文章，有必要搞得這麼複雜嗎？但我相信，你應該可以從咪蒙的故事得到一些啟發吧！

話說回來，倘若我們無法幫每一篇文章都取五十個標題，至少可以取三個標題吧？接著，再從這三個標題之中，挑選出最能攫取讀者注意力的一個標題。

我必須跟大家說，其實下標沒有想像中困難，真正困難的也並非是要如何旁徵博引，進而活用寫作技巧。

下標的重點，首先要把讀者放在第一位，試著從他們的角度出發，去思索讀者平時會有哪些的困擾、需求或是有待解決的事物？換言之，這也就是所謂的「換位思考」。

嗯，這個部分就有賴大家一起多動手練習囉！接下來，讓我總結一下有關下標的注意事項：

首先，一個好的標題要做到哪些事呢？我認為必須隱含與目標受眾有關的議題，同時也須明確告知目標受眾可從中獲得哪些利益或啟發？

其次，要如何透過標題抓住目光呢？我建議你可以多說說好處、新聞性和勾引大家的好奇心。舉例來說，你可以想想：有什麼事物剛好是讀者需要的，會對他的日常生活有所幫助的？又有哪些事物是以前從所未見，或看起來不大一樣的？設法讓讀者去猜測這是什麼？進而激發他們的動機。

再來，一個好的標題必須回答讀者的以下問題——這篇文章在談什麼？這篇文章有哪些重點？讀者為何要關注？以及讀者為何現在要閱讀？

最後，我還想給你一個小建議，就是巧妙運用標點符號！在標題中，最常看到逗點、驚嘆號乃至於破折號的出現，你可以斟酌使用。這不但可以提升可讀性、有助於讀者閱讀，更可以引發大家的好奇。甚至還有人說，善用標點符號有助於產品銷售呢！

　　經過 ChatGPT 幫我修正之後的版本，如下所示：

攫取讀者注意力的訣竅

2022-11-06 經濟日報／鄭緯筌（Vista 寫作陪伴計畫主理人）

上回，我們談到了吸引讀者注意力的關鍵行銷要素，包括：承諾、好奇和數據。有讀者來信問我，到底該怎麼

做，才能寫出讓人願意關注的標題？

前幾年，我曾經看過一篇報導，談到對岸作家咪蒙的下標方式：咪蒙的每篇文章，何以能締造「十萬＋」的高點閱率呢？而她和她的團隊都做了哪些事呢？首先，咪蒙會一口氣先寫出五十個不同的標題，然後將這五十個標題放到五千個人的微信群中進行投票，由社群的成員們共同選出最好的標題。

之後，咪蒙再以最受歡迎的標題正式發表文章。但這還不是結束，她的團隊會根據網友對文章的回應，撰寫一份長達一萬字的追蹤報告。

或許有些讀者會感到不解：只是寫一篇文章，需要這樣做嗎？但我相信，從咪蒙的故事，我們可以得到一些啟發。

回到如何下標，即使我們無法為每篇文章取得五十個標題，至少也可以挑出三個標題，然後從中選出最具吸引力的標題。

實際下標其實並不難，真正困難的是如何從讀者的角度思考，思考讀者的痛點、需求或需要解決的問題，也就是所謂的「換位思考」。

接下來，我想總結一下關於下標的注意事項：

首先，一個好的標題需要包含目標受眾感興趣的話題，

同時也要清晰告知讀者可以從中獲得哪些利益或啟發。

其次，如何透過標題吸引讀者的注意力？我建議你可以多強調文章的好處、新聞性和激發讀者的好奇心。例如，思考以下問題：什麼事物能滿足讀者的需求，對他們的生活有所幫助？什麼事物之前從未出現過，或者看起來與眾不同？設法引起讀者猜測的興趣，進而激發他們閱讀的動機。

最後，一個好的標題需要回答讀者以下問題：這篇文章在談什麼？有哪些重點？讀者為何需要關注？為什麼現在閱讀這篇文章很重要？

此外，我想提供一個小建議，就是巧妙運用標點符號！在標題中，最常見的標點符號包括逗號、驚嘆號和破折號，你可以慎重地使用它們，以提高可讀性和引起讀者的好奇心。有些人甚至認為，巧妙運用標點符號可以有助於產品的銷售！

乍看之下，好像兩個版本的差距不大！但再仔細研究，連我自己都不得不認同：ChatGPT 幫忙修正的版本，的確讀起來更簡單、流暢了。

ChatGPT 也指出，經過它的修改之後，簡化了文章的表達方式，讓讀者更容易理解。同時，也更清楚地說明了如何下

標，以及如何從讀者的角度思考標題。此外，還提供了實用的建議，包括如何突顯文章的好處、新聞性以及如何運用標點符號吸引讀者的注意力。

　　雖然我請 ChatGPT 代勞，即便不是面對真的寫作教練，但我也不想錯過自我精進的契機。所以，我繼續延續這次與 ChatGPT 的對話，請它再給我的文章一些指點：

- 部分段落的表達可以更簡潔明瞭，讓文章更易讀。

- 文章可以提供更多實際的例子，以幫助讀者更好地理解如何下標。

- 關於如何下標的部分，可以進一步說明如何將標題設計得更具體、有針對性，以便吸引更多的讀者。

　　針對 ChatGPT 提供的三個建議，我不打算這麼簡單放過它。所以，我又繼續追問這位虛擬寫作教練：

你剛剛提到要提供更多實際的例子，可以請你為我舉出三個例子嗎？

當然可以，以下是三個可以用來舉例的相關例子：

- 假設你是一位健康飲食部落客，你可以使用類似於「5 分鐘做出健康早餐，讓你輕鬆擁有好身材！」

這樣的標題來吸引讀者的注意力，並向他們展示這篇文章的好處和價值。

- 如果你是一位旅遊作家，你可以使用類似於「探索不為人知的祕境，讓你的旅程充滿驚喜和冒險！」這樣的標題來吸引讀者的好奇心，並向他們展示這篇文章將帶來的新聞性和刺激性體驗。

- 如果你是一位科技部落客，你可以使用類似於「為什麼你的智慧型手機速度緩慢？這篇文章將為你揭開真相！」這樣的標題來引起讀者的好奇心和求知慾，並向他們展示這篇文章將揭示的數據和見解。

看到 ChatGPT 幫我構思的三個例子，我忍不住露出會心一笑。嗯，的確很有意思啊！

我啜飲了一口咖啡，把握機會繼續向它發問。這回，我請 ChatGPT 為這篇文章建議三個更棒的標題：

當然可以，以下是三個我認為更具吸引力的標題：

- 突破「10 萬 +」點閱率的祕密：學習咪蒙如何下標，讓你的文章成為網路熱門話題！

- 標題是吸睛的關鍵！三個下標技巧幫你設計出令人無法抗拒的標題！

· 如何透過標題吸引讀者注意力？學會這三招，讓你
　的文章變得更具吸引力！

　　在我看來，這三個標題各擅勝場，也都掌握了一些下標的
關鍵要訣，像是善用數字、表達重點以及增加懸疑性等。

　　嗯，不知道你更喜歡哪一個標題呢？親愛的朋友，歡迎來
信告訴我唷！

後記

站在巨人的肩上—— Vista 看人工智慧的發展

說到最近這波以 ChatGPT 和 Midjourney 為首的人工智慧風潮,其實非常有意思。很多朋友也曾問過我這個問題,想要知道我是如何看待人工智慧的相關議題。

嗯,為什麼我對這個話題很感興趣,甚至可以寫書來跟大家分享呢?道理很簡單!一來,我自己是一個跨領域的發展者,原本我就對於很多新興的科技非常感興趣;二來,過去我也曾任職於網路科技、媒體等不同產業,甚至曾在開發搜尋引擎的公司服務過。加上近年來,我投入相當多的時間在顧問諮詢與教育培訓的領域,相當貼近產業界、公部門與大學院校的脈動。這樣說起來,我跟人工智慧也算得上有點關係吧?

所以,當幾個月前一聽到 ChatGPT 這款人工智慧聊天機器人問世的時候,我就感到很好奇,自己也開始利用空閒時間投入研究。另外一方面,當然也因為這幾年我都在業界教寫作跟行銷,因此結合自己的資訊科技、媒體與教育培訓的背景,我很清楚可以怎麼樣運用諸如 ChatGPT 這類的人工智慧寫作

工具，來幫助學員們從事寫作跟行銷的工作。基於以上的一些淵源，我就一頭栽入了人工智慧的美麗新世界。

說到 ChatGPT，我們都知道這是由 Chat 和 GPT 所組合而成的新詞彙。簡單來說，GPT 就是 Generative Pre-Trend Transformer，也就是一個基於生成式的自然語言模型。那麼，它有什麼特色呢？看完本書，我相信你已經知道：它是可以持續學習跟不斷進化的，更厲害的地方就是可以跟人們進行相當流暢的對話。

說到聊天機器人，其實大家應該不陌生，甚至以前也都玩過嘛！比方 LINE、Facebook Messenger 等等或是各式各樣的軟體。好比像是金融產業或電子商務領域，很早就引進了聊天機器人的服務。

可是，你曾想過嗎？為什麼這一次 ChatGPT 給大家的感受如此這麼強烈呢？我不知道你有沒有發現？以前雖然我們就曾有跟聊天機器人打交道的經驗，可是你很容易感受到那個與自己對話的聊天機器人都假假的，並非那麼擬真，對不對？

如果你很理智，就會知道其實自己是在跟電腦打交道，而不是真人互動，可是這回就不同了！以 ChatGPT 為首的各類人工智慧工具相當強大，我們一下可以叫它算數學，也可以要它寫首情詩，對不對？甚至，還有人要它預測明天台積電的股

價跟下一屆的美國總統呢？

　嗯，雖然有很大的概率，它可能會跟你講「我不知道」，但是至少就對話互動的感覺來看，你會覺得它很像一個真人。

　換言之，OpenAI 的 GPT-4 技術相當厲害，不但可以自動理解人類的語言，甚至還能模擬人類思考的過程。所以，我覺得這的確是劃時代的巨大突破。話說回來，這也是為什麼 ChatGPT 現在這麼紅的原因了！

　當然，也因為人工智慧可說是現今的當紅炸子雞，所以也不免有些朋友對此會感到焦慮，深怕自己的飯碗不保，會被人工智慧所取代？

　的確，最近有關人工智慧的新聞我們到處看得到，各種報導鋪天蓋地而來。所以，自然有些朋友會因此感到焦慮，這也是很正常的。

　其實，人工智慧從 1956 年開始發展，至今已經有近七十年的歷史了。過去，我們聽到人工智慧，感覺它還是一個實驗室的玩具，或是很酷炫的黑科技。比方說幾年前，你可能聽過 AlphaGo 在 2016 年打敗南韓圍棋棋王李世乭。當初大家都看到了這則新聞，但我想大多數人可能只覺得這是一個花絮，畢竟我們多數人都不是靠下棋謀生，所以儘管看到了這則新聞，也並不以為意。大家可能只會發出讚歎：「哇，電腦好厲

害噢！」可是你並不會感受到有什麼威脅，更難以想像它對我們生活所帶來的影響竟然如此巨大！

但這回不同啊，ChatGPT 或 Midjourney 來勢洶洶！這幾個月下來，大家都感受到它們的威力，也覺得人工智慧好像真的會影響我們的生計。更有趣的是，以往我們會覺得這些人工智慧工具的問世，可能會對於一些藍領階層造成比較大的衝擊，但是最近發覺好像不是這樣喔，反而好像是白領階層首當其衝！

根據 OpenAI 先前發布的一份針對美國一千多個職業的最新報告，顯示 ChatGPT 恐怕會對 19% 工作產生巨大影響。至於哪些工作首當其衝？包括作家、作詞家、數學家、報稅員、口譯員、筆譯員、區塊鏈工程師、會計師、審計師及記者等工作都入列，似乎也意味收入愈高的工作影響愈大。反觀以勞力服務為主的產業，像是食品業、餐飲業的服務人員等，反而比較能夠相對放心。

最近有很多類似的調查報告出爐，也難怪有些朋友會憂心忡忡！不過，我自己還是比較審慎、樂觀。老實說，我並沒有那麼擔心：一來是我們人類有情感和創造力，並不是那麼容易被取代；二來，也有人講說其實人工智慧並不會取代人類，但是我們都要提防那些更會用人工智慧的人。

　　我認同這樣的說法，所以我們不但要與時俱進，更要小心的是你的周遭那些已經很積極在學習人工智慧的朋友！簡單來說，人工智慧的時代已經來臨了，這是不可逆的趨勢，我們能做的就是用開放的心胸與成長型的思維去看待它。

　　剛剛，我跟大家提到的是個人與人工智慧的關係。如果就企業來講，導入人工智慧也會有很大的幫助。對企業主來說，你可能不用花很多錢，就可以使用這些厲害的人工智慧工具。最近，我也陸續看到來自不同產業的很多公司，都紛紛開始思考怎麼樣去借助人工智慧的力量，我覺得這是很值得鼓勵的一件事。

　　以往我們或許會覺得，人工智慧可能對於研發或特定的幾個部門，才會有比較直接的關聯，或者是衝擊、影響。但是如果你的觀察夠敏銳，就會發現像是行政、財務、客服與企畫等單位，都會跟人工智慧有密不可分的關係。

　　當然，人工智慧有無限的發展潛能，它除了可以幫你寫報告、摘要重點之外，也能夠幫你偵錯程式、寫銷售腳本，甚至是站上第一線直接面對客戶來提供客服等等。所以，我想大家都要好好思考：我們該如何跟人工智慧打交道？怎麼樣去擁抱人工智慧？

　　所以，對企業來說，我覺得這誠然也是一件好事。因為

這代表我們可以用更精簡的成本，享受這些資訊科技帶來的便捷。

　　親愛的讀者朋友，無論你是自由工作者、上班族抑或是企業主，我們都必須體認到一件事，那就是人工智慧的時代真正來臨了！無論是個人或企業，我們都很難避免跟人工智慧打交道。既然如此，建議大家應該把握這個契機，做好自我盤點與重新定位，同時好好思考如何活用人工智慧的各種工具。

　　科學巨擘牛頓（Sir Isaac Newton）有句名言：「如果說我看得比別人遠，那是因為我站在巨人的肩上。」

　　誠然，站在巨人的肩膀上，我們才能看得更高、更遠。如今，人工智慧這個巨人就在你我的身旁，是否能夠把握這個千載難逢的機運，就看你怎麼抉擇和行動了？嗯，讓我們一起加油吧！

鄭緯筌 Vista Cheng
https://www.vista.tw
https://www.aiwriting.today

◀ 歡迎掃描 QR Code，至官網下載全彩 PDF 檔！

https://www.vista.tw

來源｜1分鐘驚豔ChatGPT爆款文案寫作聖經
製圖｜麗淳

作教練Vista教你 ChatGPT 升級 你的職場寫作力

商品文案　VISTA提問法

想像願景 Visualize
簡短描述產品、服務，引起目標受眾的興趣。

確定問題 Identify
針對目標受眾來行銷推廣，持續進行市調和分析。

制定策略 Strategize
為產品或服務精準定位，擬定內容行銷策略。

測試策略 Test
測試推銷策略，並收集顧客回饋。

執行計畫 Act
針對目標受眾來行銷推廣，持續進行市調和分析。

履歷表　VISTA提問法

V 想像願景 Visualize
思考自己的事業發展方向與理想的工作場景藍圖。

I 確定問題 Identify
列出你的專業技能、描述你的經驗和成就。

S 制定策略 Strategize
該制定哪些策略能凸顯你的才能。（作品集、社群媒體）

T 測試策略 Test
測試你的求職履歷策略，確保面試官會對你感興趣。

A 執行計畫 Act
按照你的職涯發展策略，撰寫一份吸睛的履歷。

商業郵件　4元素＋6原則

標題　內容
署名　元素

目的明確　用語恰當
淺顯易懂　內容檢查
格式清爽　回應快速

銷售頁　3原則＋4元素

重視Above the fold的原則
提供吸引人的誘因（好康優惠）
取得目標客群的資訊（E-mail）

吸睛 標題　　清晰 產品介紹
反饋 客戶評價 社會認同　明確 行動呼籲

Buy NOW

---

hat GPT

聊天機器人
客服、行銷、推廣

智慧助手
虛擬人物、智慧家居（家居控制）等

文本生成和自動摘要
應用於新聞、媒體和出版等行業

自然語言理解和處理
保險公司處理理賠申請、評估索賠金額

聊天機器人 5款AI工具介紹
1分鐘驚豔ChatGPT爆款文案寫作聖經
寫作教練Vista

C N W S W

Writecream
■ 3秒內寫出千字文
■ 內容沒有抄襲疑慮
■ 操作介面簡潔

Shopia（SEO助手）
適合編輯、部落客
內容行銷人員與SEO專家使用
／
部落格文章撰寫、產品簡介
廣告文案和社群貼文

tion AI
提供特定主題點子
幫你寫部落格文章
幫你寫社群貼文、廣告文案
幫你寫大綱、講稿、故事、論文

寫作小幫手

Wordhero
✓ 生成高品質部落格文章
✓ 80種以上寫作場景應用
✓ 內建有用的剽竊檢查器
✓ 支援超過100種以上國際語言

製圖｜麗淳

1 分鐘驚豔 ChatGPT 爆款文案寫作聖經

寫作教練 Vista 教你用 ChatGPT 寫出引人入勝的銷售文案

作　　　者／鄭緯筌 Vista
美 術 編 輯／孤獨船長工作室
責 任 編 輯／許典春
企畫選書人／賈俊國

總　編　輯／賈俊國
副 總 編 輯／蘇士尹
編　　　輯／高懿萩
行 銷 企 畫／張莉榮・蕭羽猜・黃欣

發　行　人／何飛鵬
法 律 顧 問／元禾法律事務所王子文律師
出　　　版／布克文化出版事業部
　　　　　　臺北市中山區民生東路二段 141 號 8 樓
　　　　　　電話：(02)2500-7008 傳真：(02)2502-7676
　　　　　　Email：sbooker.service@cite.com.tw
發　　　行／英屬蓋曼群島商家庭傳媒股份有限公司城邦分公司
　　　　　　臺北市中山區民生東路二段 141 號 2 樓
　　　　　　書虫客服服務專線：(02)2500-7718；2500-7719
　　　　　　24 小時傳真專線：(02)2500-1990；2500-1991
　　　　　　劃撥帳號：19863813；戶名：書虫股份有限公司
　　　　　　讀者服務信箱：service@readingclub.com.tw
香港發行所／城邦（香港）出版集團有限公司
　　　　　　香港灣仔駱克道 193 號東超商業中心 1 樓
　　　　　　電話：+852-2508-6231 傳真：+852-2578-9337
　　　　　　Email：hkcite@biznetvigator.com
馬新發行所／城邦（馬新）出版集團 Cité (M) Sdn.Bhd.
　　　　　　41，JalanRadinAnum，BandarBaruSriPetaling，
　　　　　　57000KualaLumpur，Malaysia
　　　　　　電話：+603-9057-8822 傳真：+603-9057-6622
　　　　　　Email：cite@cite.com.my

印　　　刷／韋懋實業有限公司
初　　　版／2023 年 5 月
定　　　價／380 元
Ｉ Ｓ Ｂ Ｎ／978-626-7256-94-7
Ｅ Ｉ Ｓ Ｂ Ｎ／9786267256930(EPUB)

城邦讀書花園　布克文化
www.cite.com.tw　WWW.SBOOKER.COM.TW